真空及真空-堆载联合预压法加固软土地基机理和计算方法研究

雷 鸣　胡柏青　蒋建清／著

西南交通大学出版社
·成都·

```
------------------------------------------------
图书在版编目（CIP）数据

真空及真空-堆载联合预压法加固软土地基机理和计
算法研究 / 雷鸣，胡柏青，蒋建清著. -- 成都：西
南交通大学出版社，2024.9. -- ISBN 978-7-5774-0021-
1

Ⅰ. TU471
中国国家版本馆 CIP 数据核字第 2024226U5P 号
------------------------------------------------
```

Zhenkong ji Zhenkong – Duizai Lianhe Yuyafa Jiagu Ruantu Diji Jili he Jisuanfa Yanjiu
真空及真空-堆载联合预压法加固软土地基机理和计算法研究

雷　鸣　　胡柏青　　蒋建清 / 著

策划编辑 / 王　旻
责任编辑 / 王　旻
封面设计 / 墨创文化

西南交通大学出版社出版发行
（四川省成都市金牛区二环路北一段 111 号西南交通大学创新大厦 21 楼　610031）
营销部电话：028-87600564　　028-87600533
网址：http://www.xnjdcbs.com
印刷：成都蜀通印务有限责任公司

成品尺寸　185 mm × 240 mm
印张　8　　字数　153 千
版次　2024 年 9 月第 1 版　　印次　2024 年 9 月第 1 次

书号　ISBN 978-7-5774-0021-1
定价　56.00 元

图书如有印装质量问题　本社负责退换
版权所有　盗版必究　举报电话：028-87600562

前言

软土地基广泛分布于我国的沿海、沿湖及沿江等地区。在软土地基上修建高速铁路，路基变形应严格控制。真空及真空-堆载联合预压法是有效的排水固结软基加固方法，但目前在高速铁路修建中运用该法的经验偏少，亟须进一步研究。研究真空及真空-堆载联合预压法加固高速铁路软土地基的机理和计算方法，具有重要的理论和现实意义。本书依托真空及真空-堆载联合预压加固高速铁路软基工程，采用现场监测、理论分析及模拟计算等相结合的方法，对该工法在修建高速铁路中的软基变形性状、固结机理、沉降预测、加固效果等进行了探索。取得了如下主要成果：

（1）在分析超孔隙水压力实测资料的基础上，将真空预压工法下软基土体的固结过程分成 3 个阶段：①浅层土体因真空吸力而渗透固结，深层土体受到浅层土体的"堆载"作用；②浅层土体趋于固结稳定，而深层土体逐渐由受"堆载"作用向受"负压"作用转化；③深层土体在"负压"作用下发生渗透固结，并趋于稳定。将加固区土体分为浅层土体和深层土体，浅层土体主要发生渗透固结，深层土体因受到水位下降造成的"堆载"和真空吸力造成的"负压"的共同作用而固结。这能合理解释加固区一定深度的土体中，一些测点的超孔隙水压力值在抽真空初始阶段上升至正值或者几乎维持不变的现象。

（2）在上述分析基础上，提出第①阶段真空预压最大影响深度（即浅层土体厚度）和水位下降造成的"堆载"作用的概念。l_{max} 可运用土体超孔隙水压力-时间监测曲线获得，可由监测水位下降深度计算获得。真空预压法加固软基土体的固结根源并不是单一的渗流场造成的负压差，而是不同时段"正压"和"负压"的共同叠加作用，"正压"会削弱渗流场的强度。

（3）建立一维"双弹簧"固结模型和方程，界定初始边界条件，获得解析解。通过此固结模型，分别从有效应力路径、应变路径角度研究了真空预压法加固软基机理和土体强度变形特征。考虑砂井径向固结，研究了超孔隙水压力解析解。初步探索了基于大变形固结理论和非饱和土理论的真空预压加固软基机理。

（4）建立灰色理论和遗传算法软基沉降预测模型，进行了真空预压工法下软基全时段沉降预测。运用灰色理论 verhulst 模型预测软基沉降，分布均匀土层的预测结果比分布不均匀土层的预测结果要精确。土层构造越复杂，预测结果与实测值的偏差越大。建议采用残差修正的 verhulst 模型预测土层构造复杂的软基沉降。开展分层沉降预测，土体深部土层的沉降监测数据越多，预测结果与实测值越接近。用遗传算法预测软基沉降，浅层土体沉降预测结果比深层土体沉降预测结果更接近实测值，土层构造对预测结果也有较大的影响。

（5）探讨分析了现场试验监测数据，通过计算分析，从工后沉降、平均固结度、沉降速率 3 个角度评价了真空-堆载联合预压法在高速铁路软基加固工程中的应用效果。从开始施工计算，294 d 后，整个软基的平均固结度为 96.5%；由于各项指标提前就满足了要求，因此提出了缩短一个半月预压期，进入下一道工序的建议。

（6）基于太沙基一维固结理论，建立了多级加载情况下的真空-堆载联合预压软基沉降计算公式。应用该公式对高铁试验段各测试断面进行大量计算分析，提出了真空预压和堆载预压并重的沉降经验修正参数值 $w=0.85\sim0.98$。开发了考虑加载时序的真空-堆载联合预压地基解析近似计算方法，并计算了土体孔压时空分布规律、沉降变化规律等。计算结果与实测值对比分析表明，所获得的整个地基孔压、固结度和固结沉降计算公式，能揭示真空-堆载联合预压软土地基孔压、固结度、固结沉降变化规律；可将真空-堆载联合预压阶段的堆载荷载分级瞬时施加，土体的孔压、固结沉降等响应更为合理；单纯真空预压阶段，不同深度处各点孔压最终稳定在不同的恒定值；真空-堆载联合预压阶段，不同深度处的各点孔压最终稳定在相同的恒定值；真空-堆载联合预压阶段的堆载前期，真空荷载占主导地位，中后期堆载荷载作用才凸显出来；提出了相关计算参数概念，并开发了这些参数的合理经验取值方法，计算结果证明了方法的合理性。

对于本书的顺利出版，感谢公路工程自然灾害风险普查大数据智慧应用湖南省重点实验室、装配式支挡结构智能建造湖南省工程研究中心、中铁第四勘测设计院集团有限公司在课题研究过程中所给予的大力支持；感谢中南大学王星华教授和王曰国教授的悉心指导。

限于作者的水平，本书难免存在疏漏之处，恳请读者批评指正。

作　者

2024 年 5 月

目 录
CONTENTS

- **第1章 绪 论** ………………………………………………………001
  - 1.1 真空及真空-堆载联合预压法的发展 ……………………001
  - 1.2 真空及真空-堆载联合预压法研究现状 …………………003
  - 1.3 真空及真空-堆载预压法加固软基的问题 ………………006
  - 1.4 本书主要研究内容 …………………………………………007

- **第2章 真空及真空-堆载预压机理探索** ……………………008
  - 2.1 引 言 …………………………………………………………008
  - 2.2 真空固结理论若干问题研究 ………………………………009
  - 2.3 机理分析沉降计算值与实测值的对比研究 ………………023
  - 2.4 固结理论研究 ………………………………………………025
  - 2.5 本章小结 ……………………………………………………040

- **第3章 真空预压加固软土路基沉降变形预测研究** …………042
  - 3.1 灰色理论模型简介 …………………………………………042
  - 3.2 灰色理论模型预测沉降断面及实测数据的选择 …………044
  - 3.3 灰色理论模型预测沉降结果与分析 ………………………045
  - 3.4 遗传算法简介 ………………………………………………049
  - 3.5 运用遗传算法进行沉降预测 ………………………………051
  - 3.6 本章小结 ……………………………………………………053

- **第4章 真空预压加固软基沉降、稳定分析** …………………054
  - 4.1 真空预压加固软基沉降计算研究 …………………………054
  - 4.2 真空预压加固软土地基强度增长推测及稳定分析 ………067

  4.3 真空预压加固软基效果影响因素分析……………………………068
  4.4 本章小结…………………………………………………………070

◆ **第5章 真空及真空-堆载联合预压加固软基效果及试验观测成果分析** ·071
  5.1 真空及真空-堆载联合预压加固软土地基效果的评价基础…………071
  5.2 试验工程观测成果分析…………………………………………080
  5.3 本章小结…………………………………………………………092

◆ **第6章 真空及真空-堆载联合预压计算方法研究**……………………094
  6.1 真空-堆载联合预压分级堆载沉降计算…………………………094
  6.2 考虑加载时序的真空-堆载联合预压地基解析近似计算方法……098
  6.3 本章小结…………………………………………………………112

◆ **参考文献**……………………………………………………………………113

第 1 章
绪 论

1.1 真空及真空-堆载联合预压法的发展

真空预压法属于排水固结法中的一种，于 1952 年由瑞典皇家地质学院杰尔曼教授（W.Kjellman）提出[1]，后来不少国家进行了探索和研究，但由于难以得到合适的抽真空装置，密封问题不好解决，不易获得和保持所需的真空压力，加之机理研究方面进展缓慢，故难以大规模应用于实际工程。

该法最早于 1958 年用于美国费城国际机场跑道扩建工程中，该工程修建于淤填的沼泽边缘地带，表层为 5~10 英尺（ft，1 ft=0.3048 m）厚的疏通河道时吹填的黏土和淤泥，下层为 15~20 ft 厚的黏质粉土和粉质黏土，中间夹有薄的细砂透镜体，加固面积为 2 500 ft × 600 ft，共打设 595 根直径 12 英寸（in，1 in=2.54 cm）的砂井和 15 口直径为 30 in 的深水井，深度为 70 ft，采用深井降水和砂井联合作用，抽真空 40 d，其中 18 d 真空度达到 381 mmHg 高，相当于 50 kPa 等效荷载[2]。日本东北地区新干线，坐落在厚 12~13 m 的泥炭土和混有有机物的淤泥土上，打设间距为 80 cm 的纸板，采用尼龙焦油防水布作为覆盖薄膜，在薄膜边缘的沟槽中打设钢板桩并注入 14%的膨润土溶液，使表层真空度达到 494 mmHg 高，但费用很高。日本中部武丰火力发电站的试验工程，面积 1 200 m²，插设纸带，橡胶膜覆盖，用两台 11 kW 的真空泵连续抽气勉强保持 400 mmHg 真空度[3]。此外，芬兰、苏联、泰国、法国、瑞典都曾有过用真空预压处理软土的相关研究[4]。

我国研究真空预压加固软基较早哈尔滨军事工程学院与单位，早在 1957 年就做过真空预压试验，王仁权对淤泥地基采用真空预压法加固的野外试验进行了总结，并探讨了该工法下淤泥土体的固结机理[5]。根据我国港口发展规划，沿海的大量软基必须在非常短的时间内得到加固，为此我国从 1980 年起，开展了真空预压法的研究，从改进工艺、更新设备、弄清机理、提高加固效果和推广使用等方面进行了探索。1985 年通过了国家鉴定，获得了国家"六五"科技攻关奖，填补了国内空白，在真空度和大面积加固方面处于国际领先地位。其膜下真空度达到 610～730 mmHg 高，相当于 80～95 kPa 等效荷载，历时 40～70 d，固结度达到 80%，承载力提高到 3 倍，单块膜面积已经达到 30 000 m^2，得到了满意的效果。为了满足某些使用荷载大、承载力要求高的建筑物的需要，1983 年开展了真空-堆载联合预压法的研究，开发了一套先进的工艺和优良的设备，并从理论和实践方面论证了真空和堆载的加固效果是可以叠加的，已经在 50 多万 m^2 软基上应用，取得了满意的效果。该法已多次在国际会议上介绍，外国同行给予了高度的评价。真空预压法在澳门国际机场、天津港南港工业区、天津临港产业区、黄骅港、连云港、盐城港响水港区等全国各地重点重大工程中，发挥了不可替代的作用。

堆载预压法也属于排水固结法中的一种，最早用于处理美国加利福尼亚州的海湾公路，该公路有约 2 英里（mile，1 mile＝1.609 km）长的一段通过沼泽地，每当涨潮时，公路的下部淹没和浸泡在水中，使面层粗糙和恶化，维护费用很高。1934 年 11 月和 12 月在该路段选取 3 个试验断面，打设了直径 28 in、平均深度 42 in、间距 10～12 in 的砂井。实测结果表明，采用砂井后减小了孔隙水压力，增加了路段的稳定性，防止了土体的侧向变形，消除了面层的不均匀沉降，保证了公路的顺利修建。

1953 年我国首次将砂井堆载预压用于加固船台地基，1959 年应用于宁波铁路路堤试验段和舟山、宁波冷库工程，然后推广到了水工建筑、工业与民用建筑、铁路路基、港湾工程与油罐软基工程中，都获得了很好的效果。这种方法适用于淤泥质土、淤泥、素填土、杂填土、粉土和冲填土等软基。当软基较厚时，必须在软基中打设垂直排水通道（砂井、塑料排水带）。根据土质情况，它可以分为单级加荷和多级加荷两种；根据堆载材料，它又可以分为自重预压、加荷预压和加水预压 3 种[6]。

虽然经过国内外众多学者及工程师们的努力，真空预压加固软基方法在机制研究、工艺方法、设计方面得到了很多进展，但理论研究仍然比较滞后，阻碍了该工法的进一步发展及应用，已引起工程界和学术界的高度关注。

1.2 真空及真空-堆载联合预压法研究现状

1.2.1 理论研究方面

1952年瑞典的杰尔曼教授（W.Kjellman）提出了真空预压土体固结最终效果图。Barron[7]最早开展了砂井地基固结解析理论研究，所提出的轴对称固结等应变和自由应变概念，一直被后来的学者们所采用。Horne[8]推广了Barron的自由应变固结方程，能够综合考虑地基土体的径竖向组合渗流，但却忽略了井阻作用和涂抹作用。美国的P.J.Velent[9]用流网解释了真空预压机理。苏联的Z G Ter-Martirosyan, L I Cherkasova[10]用拉普拉斯方程求解了二维最终效果问题。H Yoshikuni[11], H Yoshikuni, H Nakanodo[12]深入地发展了Barron自由应变条件下砂井地基固结理论，提出了能够综合考虑地基土体的径竖向组合渗流的数学模型，并且首次详细推导了砂井地基自由应变固结方程，完善了Barron自由应变固结的定义和假定，建立了砂井区流量连续方程，使考虑井阻的砂井地基自由应变和等应变固结方程的求解成为可能。S Hansbo[13]也发展了Barron的理论，其考虑了涂抹区的压缩性和井阻作用，但由于忽略了井阻作用下砂井地基的体积应变是随深度变化的这一事实，因此其解也是近似的。A Onoue[14]发展了Yoshikuni的理论，研究了涂抹作用对砂井地基固结的影响，并给出了径向正交公式，这是到目前为止最完善的自由应变条件下砂井地基线弹性固结解析理论。Y Tang, Z Gao证明了真空预压和堆载预压的效果能叠加。娄炎[15]分析了真空预压法加固机理,对真空预压下软土的有效应力路径进行了阐述。J M Cognon, I Juran[16]和D T Bergado, C Chai J, N Miura, 等[17]在现场试验中证实真空堆-载联合预压法能够减少预压时间，在加固软基中降低孔隙水压力，提高加固效果。李丽慧[18]通过试验进行了真空预压下土体变形特征应力路径分析。丁绿芳、郭志平等[19]研究了真空预压法下土体损伤问题。张志允，翟国民等[20]分析了堆载预压法和真空预压法的加固机理及不同的加固特征。李青松，吴爱祥等[21]探讨了真空渗流场的形成机理。莫海鸿，邱青长等[22]根据土力学基本原理分析孔隙水压力降低引起的土体压缩方式，并对比分析了真空预压地基的分层沉降现场实测值和理论计算值，同时定量分析了真空预压地基在不同深处单位压缩量。刘润，闫澍旺等[23]进行了多次水下真空预压的模型试验，结合流体力学与水力学的相关知识，展开了相应的理论推导，获得理论解答。邱青长，莫海鸿等[24]探讨了真空预压地基非饱和带，引用上升单相流与两相流压降理论，分析了真空预压地基竖向排水体内流体的压降规律，再根据真空预压地基排水体中流体真空度的现场试验结果论证了其理论的正确性。吴跃东，曹杰等[25]分析和探讨了真空压力随竖向排水体传递的变化规律以及在淤泥层底部孔压可能会升高而存在Mandol效应，研究了真空预压的适用条件。张敬，刘爱民[26]通过对水下真空预压模型试验结果的分析，提出了水下真空预压的加固机理。薛红波，娄炎[27]阐述了真空预压法下软基的强度增长机理和强度增长特性，竖向排水体为砂井。麦远俭[28]讨论了真空预压法中软黏土不排水剪切强度的增长规律。E. C. LEONG，R. A. A. SOEMITRO等[29]通过试验比较了堆载和真空预压加固土样剪切强度增长的变化。黄腾，张迎春等[30]提出计算真空作用下真空度衰减公式和土体抗剪强度增长公式。董志良[31]推导了真空-堆载联合预压砂井地基的固结解析解。董志良[32]在正负压砂井地基固结解析理论的基础上，导出了排水板渗流量、加固区竖向固结渗流量及区内外进出渗流量的计算公式。徐泽中，刘世同等[33]从Barron的砂井地基等应变固结解出发，建立了真空-堆载联合预压的渗流模型，并给出了解答。朱斌、陈若曦等[34]建立了分层真空预压多层软土地基的一维大变形固结分析模型，并利用差分法进行了数值求解。鲍树峰，周琦等[35]假设负超孔压以砂井为圆心径向分布不均匀，推导了真空预压砂井地基土体的Hansbo固结解。周琦，张功新等[36]在假设砂井下端透水边界孔压随时间增加的条件下，推导了真空预压砂井地基土体的Hansbo固结解析解。胡亚元[37]假定砂井地基上、下端边界为半透水边界，研究了上端垫层和下端下卧层透水性质对地基的固结影响。赵辉，李粮纲[38]结合软土地基处理工程实例，采用三维固结理论，根据实测孔压值预测了软土地基固结度。雷鸣，徐汉勇，王星华等[39]分析淤泥及淤泥质土地基在真空-堆载联合预压工法下的固结主导因素，总结土体固结机理，计算结果表明，不同特性土层孔压沿深度的变化不同，固结特征不同。

1.2.2 设计应用方面

范须顺[42]用渗透排水理论建立了公式，用其确定滤水管的合理布设间距及布排形式。刘珍娜[43]分析了真空预压工法下用分层总和法计算地基沉降存在的问题，提出了修正方法。麦远俭，刘成云[44]提出了用体变修正系数和侧移修正系数代替综合修正系数来进行沉降修正。付光奇，艾英钵等[45]提出真空堆载联合预压法实用设计方法。范须顺，刘良志[46]从系统划分的角度对真空预压施工中的问题进行讨论，提出控制加固效果的多种措施。李豪，高玉峰等[47]通过等效方法将复杂砂井地基转化为无砂井成层地基。娄炎，杨守华等[48]对《港口工程地基规范》（JTJ250—1998）中规定的真空预压加固的沉降稳定标准进行了分析和讨论，指出原标准的不足，提出了确定沉降稳定标准的思路，并对该思路进行了讨论。秦焱，王清等[49]以南方某污水处理厂现场监测资料为依据，分别采用双曲线法、指数曲线法、Asaoka法推算地基的最终沉降量，分析了真空预压的加固效果。施建勇，雷国辉等[50]进行了线弹性条件下的理论分析、模拟真空预压应力路径的全自动应力控制三轴（GDS）压缩试验、真空预压的现场监测等工作，初步讨论了弹性条件竖向荷载相同时等向与单向压缩量的比、模拟真空预压应力路径的压缩系数与单向压缩时的压缩系数的试验关系。湛川，高文龙等[51]通过11个场地静力触探锥尖阻力与地基土真空预压处理后物理力学指标平均值的相关分析研究，得出了一套地基真空预压处理后静力触探经验公式。吴起星，胡辉[52]引入Gompertz成长曲线模型，采用3段估计法求解模型参数，获得了良好的沉降估算效果。侯健飞[53]提出了用实测孔压时程曲线确定总超静水压力，进而计算孔隙水压力及固结度的方法。冼亚军[54]根据软土厚度和使用路段的不同提出建议方案，对信息化施工提出了建议。曹旭华[55]对南沙地区路基软基处理方案进行了分析及探讨。任文芳[56]通过实际工程的分析，说明了在天津港南疆港区这种地质条件下，当塑料排水板间距小于0.7 m时，进一步减小塑料排水板间距对缩短固结时间的效果不明显。张泽鹏，李约俊等[57]从真空预压加固机理和真空度传递过程分析入手，结合现场实测资料，对高速公路真空排水预压法加固软基中纵向排水体的选择进行了分析比较。王永强[58]通过对天津港软土地基加固工程实测资料分析，探讨了沉降修正系数、固结系数以及理想井与非理想井的差别。刘汉龙，彭劼等[59]研究了负压作用下的地基沉降简化计算方法，认为负压作用下的地基沉降计算应考虑其受力特点的影响。许胜，王媛[60]针对真空预压和堆载预压在作用机理上有所不同，提出了真空-堆载联合预压情况下平面等效算法。金小荣，俞建霖等[61]进行了真空预压部分工艺的改进。黄志华，问建学等[62]依托珠海保税区某工程，以海陆交互相软土地基为研究对象，对现场真空联合堆载预压处理路段路基变形实测数据开展分析，发现距离处理边线超过15 m后深层软土挤压效果明显减弱，真空联合堆载预压路基变形影响范围小于20 m等结果。曾芳金，石常鑫等[63]在真空堆载联合预压下，采用5 kPa/d匀速堆载的方式进行室内模型试验，对真空度、孔隙水压力、表层沉降进行监测并分析变化原因，发现匀速堆载时真空度、孔压和土体表面沉降有明显变化，但随着时间推移而减弱。杨鹏，蒲诃夫等[64]使用真空-堆载联合预压下饱和软土竖井地基大变形固结沉降模型（VRCS1模型）对澳大利亚巴利纳支路某现场沉降进行预测，讨论了分级堆载、循环荷载、真空联合堆载、上边界为等应力/等应变条件以及排水板打入深度等因素对竖井地基固结过程的影响规律，得到了分级堆载可降低土体超静孔压峰值进而改善土体稳定性，真空荷载和堆载作用机制有本质区别等结论。曾芳金，王碧等[65]主要通过3种不同的超载比（堆载量与设计真空度之比）进行真空联合堆载室内模型试验，对真空-堆载联合作用下土体侧向收缩变形特性进行研究，探求最合适的超载比方案。张崇旗，丁建文等[66]通过现场钻孔埋设孔隙水压力计，对长江漫滩相软土地基加固过程中孔隙水压力的发展变化过程进行了测试分析，结果表明：真空预压区，加固30 d后地基中孔隙水压力变化基本稳定，土中超静孔隙水压力的消散受该深度排水板中真空荷载的影响十分显著，排水板中真空荷载随深度衰减，衰减速率与排水板周围土层性质密切相关等。张振，米占宽等[67]基于松嫩平原某软基处理工程中遇到的深层软土固结缓慢问题，结合土柱效应开展数值分析，通过对土柱区渗透系数的反演分析给出其衰减系数，认为天然沉积软土在满足特定条件后也会产生土柱效应，其原因在于受软土的高含水率、强流动性、粒径级配与排水板孔径不适配等综合因素的影响。

1.3 真空及真空-堆载预压法加固软基的问题

伴随着大量真空及真空-堆载联合预压法处理软基的工程实例成功应用，工程师们急需解决以下几个问题：

（1）需要统一真空及真空-堆载联合预压工法下软土地基固结机理。现阶段各种机理见解各不相同，差异比较大。

（2）需要确定真空预压加固软基的有效影响深度。从积累的资料来看，真空预压有效影响深度大不相同，这导致设计中竖向排水通道的长度无法确定。

（3）需要厘清真空预压加固软基中地下水位下降机理及计算方法。现阶段地下水位下降深度无法确定，更无计算方法。

（4）需要开发真空及真空-堆载联合预压加固软基的有效实用的沉降计算方法。现阶段基本都用"等效"荷载来替代真空作用，此方法的正确性有待进一步验证。

（5）需要总结分析复杂地质条件下真空及真空-堆载联合预压处理软基后，加固土体各参数变化规律。

（6）现阶段真空及真空-堆载联合预压加固软基监测技术虽然有很大的发展，但是还不够成熟，所获得的监测数据离散性大、可靠性低。

（7）现有真空及真空-堆载联合预压加固软基设计方法不成熟，需要改进和优化。

1.4 本书主要研究内容

针对上节所述真空预压法面临的一些问题,本书将主要做以下几个方面的研究和探讨:

(1)真空及真空-堆载联合预压加固软基机理研究:研究现今真空及真空-堆载联合预压加固软基各种理论,通过理论分析、室内及现场试验等手段,总结分析软土体真空及真空-堆载联合预压固结机理,并建立计算模型及方程,给予解答。开展真空及真空-堆载联合预压加固软基土体应力应变分析,研究其变化规律。

(2)真空及真空-堆载联合预压软基固结效果研究及评价:对比堆载预压和真空预压加固软基机理,分析两种加载手段下,影响软基固结效果的各个因素。应用多种计算方法对真空及真空-堆载联合预压加固软基的效果评价指标进行计算。

(3)真空及真空-堆载联合预压加固软基沉降计算与稳定分析:总结各种真空及真空-堆载联合预压加固软基沉降预测和稳定分析方法,提出真空及真空-堆载联合预压加固软基沉降预测、稳定计算的简化模型,提出简洁实用的计算方法。

第 2 章
真空及真空-堆载预压机理探索

2.1 引 言

目前，在真空及真空-堆载联合预压加固软土地基理论研究方面，主要有以下几种观点：

（1）"等效"荷载理论。其认为作用在软基土上的"真空"荷载为膜内外所产生的负气压差[68]-[70]。

（2）负压下固结理论，由陈环等[71,72]首先提出。其认为使土体固结的根源是负压而非正压，但正、负压的固结原理一致，只不过是边界条件相差甚远。从而得到：用现有的固结微分方程能求解真空作用下软基的固结过程。

（3）绝对孔隙水压力零点理论，由高志义[73]于 1989 年提出。其认为真空作用下的土体固结，其总应力基本没有改变。因为该工法使得边界上的孔隙水压力最大降至相对压力零点或绝对压力零点，进而使得土体中孔隙水压力分布不平衡，使土体有效自重应力增加，土体因而得到了固结。渗流与固结不成因果关系。

（4）真空渗流场理论，由龚晓南，岑仰润[74]于 2002 年提出。认为真空荷载下，真空渗流产生在土体较大孔道中。抽真空导致土体中存在压力差，这个压力差是土中较小孔道中的水与较大孔道中的真空流体排出的根源。随着流体的排出，土体发生固结现象。该理论明确指出，真空预压法处理软基与堆载预压法处理软基不同。

（5）真空渗流场作用下的渗透固结理论，由李青松、吴爱祥等[75]于 2005 年提出，其认为"真空渗流场"主要是由所有在单个竖向排水通道周围形成的凸面向下的降落漏斗形成的，场中土体发生"渗透固结"是该方法使软基土体固结的实质，该法的有效加固范围是降落漏斗所发展的区域；而渗透固结区域对其下土体将产生堆载预压的作用，该法的影响范围不小于竖向排水通道所打设的深度。

（6）引入上升单相流与两相流压降理论，由邱青长、莫海鸿等于2007年提出。该观点阐述了真空预压地基压力场的形成及其导致土体排水固结的机理。

在上述研究成果的基础上进行比较分析，进一步研究该工法的作用机理发现，不管是哪一种观点，都有两个共同特点：①都属于排水固结的范畴，都是为了使得由土颗粒搭建成的骨架中的流体在强制外力作用下排出；②都是在边界条件上下功夫，将强制外力作用在土体边界上或者依靠流体压差将强边界的强制外力传递到土体内部促使土体固结。

2.2 真空固结理论若干问题研究

2.2.1 超孔隙水压实测资料及问题的提出

1. 工程概况

试验工点地处江苏省昆山市，旱泾村中桥与徐公河中桥之间，湖积平原，地形平坦，有人工鱼塘在其中分布，地面标高约 2.5 m。试验工点线路长度 850 m，里程范围 K0+000～K0+850，其中：K0+38.40～K0+833.95 为路基试验段，K0+000～K0+38.40、K0+833.95～K0+850 为桥梁桩基试验段。直线形，纵坡 0‰。试验段两端设两座中桥，中间路基段设置 4 座涵洞。

试验段为双线，路基顶面宽 13.8 m，在考虑到路堤填筑后将发生沉降，同时软土路基在施工完成后也将发生沉降，所以将两侧宽度各加宽 20 cm，线路之间距离为 5.0 m。路堤将填筑高为 4.2～5.5 m 的土。路堤边坡采用坡率法放坡，坡率为 1∶1.5。边坡坡面在满足坡率之后，先采用土工网将土垫固，再喷播植草进行防护。在路堤填筑施工过程当中，在边坡 2.5 m 宽度范围内每隔 30 cm 铺设一层土工格栅，起到加筋作用[76]。

2. 现场工程地质概况

试验地区的气候为亚热带海洋性季风气候，其特征可查阅有关文献。该地区年平均降雨量约为 1440 m，年平均气温为 14.5～16.3 ℃。地震动峰值加速度为 0.05 g。一般十月份后，强大冷空气将降临该区，到时将有雨雪、大风、霜冻现象。南太平洋的热带风暴在夏季将沿海岸线登陆，经常会伴有大风和暴雨。东南风是该地区主要的风种，最大风力可以达到 12

级。试验段地基土层属第四系全新统冲湖积层，表层为黏土，软～硬塑，灰黄色，厚0.76～3.60 m；下为淤泥质粉质黏土，深灰色，流塑，局部夹有薄层粉砂，含少量腐植物，高触变性、高压缩性、低强度，厚3.2～16.5 m；再往下的下卧层为黏土、粉土及粉质黏土，软～硬塑。

黏土，淤泥质粉质黏土，粉质黏土及粉砂等土体组成了所需要加固的地基。勘测后，各层地层土性自上而下为：

（1）黏土，软～硬塑，灰黄色，夹有少量铁锰结核，厚0.76～3.60 m，种植土为表层0.2～0.5 m范围，含植物根系，中等压缩性土，分布广泛。

（2）淤泥质粉质黏土，流塑，深灰色，含少量腐殖物，局部夹有薄层粉砂，厚3.2～16.5 m，高压缩性、低强度，大多数灵敏度超过16，流动黏土，高触变性，分布广泛。

（3）黏土，粉质黏土，粉土，局部夹薄层粉砂，交错断续，层理清晰，分布如下：

① 粉质黏土夹薄层粉砂，软塑，绿灰，厚0～4.1 m，中等压缩性，分布于K0+000～K0+475。

② 黏土，硬塑，深灰～浅灰，厚0～8.1 m，呈透镜体状，属中等偏低压缩性土，分布于K0+090～K+315。

③ 黏土，软塑～硬塑，灰绿，黑灰，厚0～7.4 m，层位稳定。属中等偏低压缩性土，分布于K0+405～K0+845。

④ 粉土局部夹薄层粉砂或黏土，软～硬塑，灰黄，厚0～5.4 m，层位较稳定，属中等偏低压缩性土，分布于K0+405～K0+845。

⑤ 粉质黏土，软塑，浅灰，灰黄，厚0～9.8 m，层位较稳定，属中等压缩性土，分布于K0+405～K0+845。

（4）粉砂，分上下两层，上部夹有薄层黏性土：

① 粉砂，中密，饱和，褐黄，厚0～6.7 m，不均匀夹有薄层黏土，$N_{63.5}=5～45$击，分布于K0+035～K0+535。

② 粉砂，中密～密实，饱和，褐黄，深灰，厚大于10 m，$N_{63.5}=19～48$击，广泛分布。

土层物理力学指标如表2-1所示。从表中可看出，第（2）层淤泥质粉质黏土层是试验段的主要控制地层，其含水量平均值达到了44.4%，孔隙比平均值达到1.23，相当高。同时该层土的灵敏度也比较高，属于典型软土。试验段土层的固结系数在$10^{-4}～10^{-3}$量级，渗透系数在$10^{-8}～10^{-7}$数量级范围内，次固结系数在$10^{-3}～10^{-2}$数量级，变化范围不大。

表 2-1 试验段土体物理力学指标统计

项目		单位	地层						
			1	2	3-1	3-2	3-3	3-4	3-5
天然含水量 W		%	31.9	44.4	35.0	26.0	24.5	35.5	36.4
容重 γ		kN/m³	19.2	17.8	18.8	19.9	20.3	18.7	18.7
天然孔隙比 e			0.89	1.23	0.97	0.70	0.69	0.98	0.99
液限 W_L			40.9	35.8	33.2	33.5	36.2	33.9	34.8
塑限 W_p			19.7	19.9	19.8	16.4	17.1	21.9	20.4
塑性指数 I_p			21.1	16	15.5	17.0	19.1	12.7	14.4
快剪	凝聚力 C	kPa	24.5	8.4	29.0	30.2	57.3	15.6	14.7
	内摩擦角 φ	°	8.7	6.3	10.6	7.9	16.7	15.0	15.3
固结快剪	凝聚力 C	kPa	14.0	3.7	4.0			3.0	14.0
	内摩擦角 φ	°	15.5	18.9	26.7		21.6	23.2	23.6
无侧限抗压强度		kPa	92.9	34.3	92.6		248.7	54.0	119.7
压缩系数 a_v		MPa⁻¹	0.39	0.89	0.21	0.33	0.18	0.25	0.40
压缩模量 E_s		MPa	4.61	4.35	8.77	5.70	48.79	10.01	6.08
压缩指数 C_C			0.25	0.30	0.14	0.25	0.14	0.2	0.33
前期固结压力		kPa	204.3	86.5	226.0	281.5	253.69	290	253.67
回弹指数 C_S			0.03	0.04	0.009	0.02	0.06	0.02	0.02
次固结系数 C_a			0.006	0.0086		0.0029	0.0019		0.0047
固结系数	$C_{h100\sim200}$	10⁻³ cm²/s	1.45	3.37			9.46	12.86	9.31
	$C_{v100\sim200}$	10⁻³ cm²/s	2.09	1.92	4.95	3.85	5.47	11.38	7.82
渗透系数	$k_{h100\sim200}$	10⁻⁷ cm/s	0.4	1.44			1.12	2.32	
	$k_{v100\sim200}$	10⁻⁷ cm/s	0.52	0.68	0.57	0.71	0.63	1.70	1.24
不排水剪	凝聚力 C	kPa	53	11.5		38.0			
	内摩擦角 φ	°	6.3	3.7		10.8			
固结不排水剪	凝聚力 C	kPa		10.7		66.0			
	内摩擦角 φ	°		18.7		25.9			

纵段面地层如图 2-1 所示。

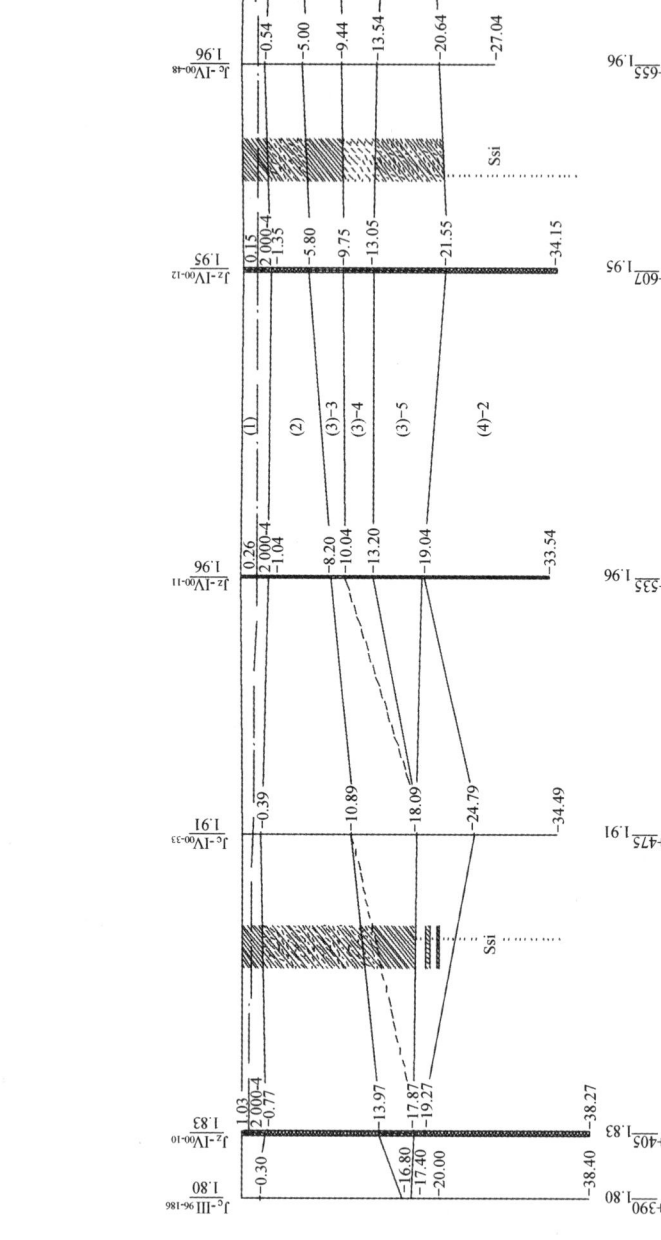

图 2-1 纵断面地层

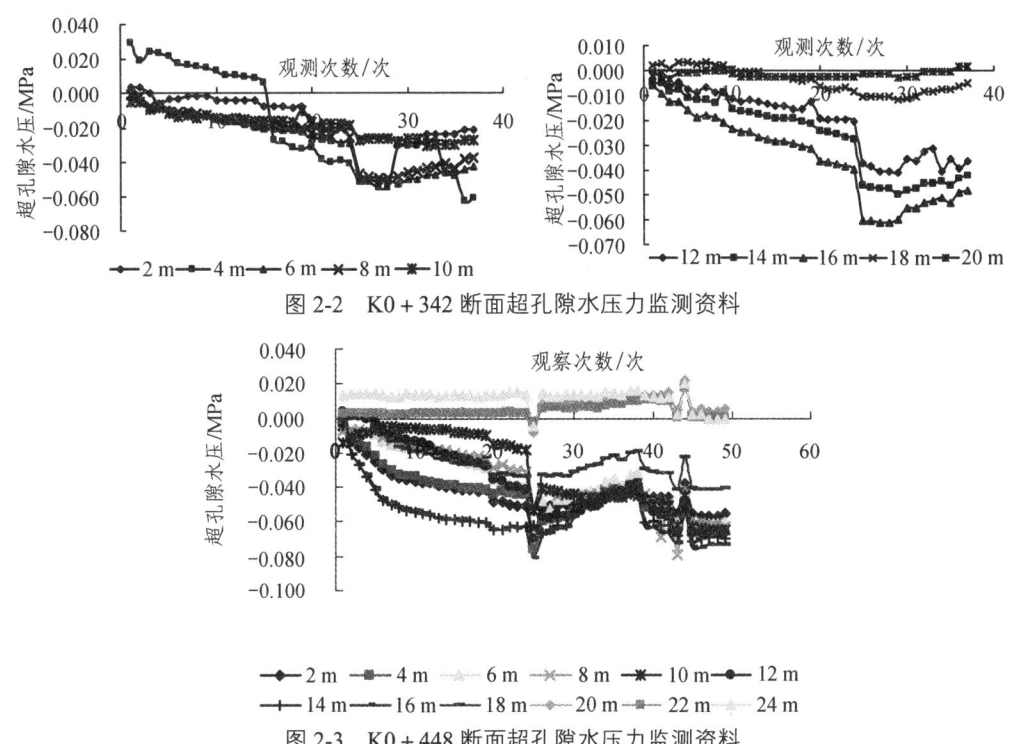

图 2-2　K0+342 断面超孔隙水压力监测资料

图 2-3　K0+448 断面超孔隙水压力监测资料

通过勘测，所研究试验段的地基土以黏土和淤泥质粉质黏土为主，很适合在加固区形成稳定负压边界条件，所以选用真空预压法处理。因此，取 K0+276.51～K0+535 作为先真空后堆载联合预压试验段，来进行试验研究。

抽真空作用使得膜下真空度在 8 h 之内迅速达到 80 kPa，试验的最初几天也应该是孔隙水压力下降最为迅速的。图 2-2、图 2-3 为 K0+342 和 K0+448 路基断面 18 m 深度范围内的前几日的超孔隙水压力随频次的监测数据。

以 K0+342 断面为例子进行分析。抽真空第 1 d 8 点开始，10 点开始观测，每 4 h 观测一次。4～6 d 之内各点基本变化不大。抽真空第 25 d 之后，每天 12 点观测一次。在开始抽真空的小段时间内，2 m 和 4 m 深度处超孔隙水压力为正值，4 m 深度处正值明显很大，达到了+24 kPa。4 m 深度处超孔隙水压力在抽真空第 3 d 4 点有显著下降的现象。6 m、8 m、10 m 深度处的超孔隙水压力在抽真空开始的 3 d 内为负值，但是绝对值很小，并且变化幅度不大，基本处于稳定状态，在抽真空第 4 d 16 点，也就是抽真空差不多 3 d 才开始有显著的下降。12 m、14 m、16 m 深度处的超孔隙水压力在抽真空 3 d 内也为负值，有下降的现象，绝对值比 6 m、8 m、10 m 深度处的超孔隙水压力稍大。18 m、20 m 深度处的超孔隙水压力在零位置波动，基本维持不变。抽真空的前 3 d 超孔隙水压力除了 4 m 处变化幅度比较大，其他观测点并不大，但沉降发展却非常明显，按照太沙基有效应力原理，土体若发生变形，有效应力必然增加。超孔隙水压力的增量若没有什么变化，总应力必然增加而导致有效应力增加。有些学者认为真空预压下的土体总应力不变或者基本不变，负的超孔隙水压将转化为有效应力，从而导致土体变形。本监测项目实测中，在抽真空的前期超孔隙水压基本没有什么变化，导致土体变形的有效应力从何而来，值得推敲。按照 2.1 节中观点（1），土体中应该全部产生正的超孔隙水压力，土体随其消散得到加固，这无法解释土体中产生负超孔隙水压力的现象；按照 2.1 节观点（2）~（6）则无法解释土体中产生正的超孔隙水压力和初始阶段超孔隙水压基本维持不变的现象。表明，现今的真空预压加固软基的机理还需要研究和改进。

2.2.2 真空固结变形机理

从整个工法实施的过程来看，可以将其作用机理分成如下 3 个阶段：（1）真空吸力导致浅层土体渗透固结，并对深层土体主要产生"堆载"作用；（2）浅层土体固结稳定的同时，深层土体由主要承受"堆载"作用向主要承受"负压"作用过渡；（3）深层土体在"负压"作用下产生渗透固结，并达到稳定平衡。现分析如下：

1. 真空吸力导致浅层土体渗透固结，并对深层土体主要产生"堆载"作用

真空吸力是指射流泵在零流量状态下，测定的所能达到的最高压力，即负压。在抽真空短时间内，理想状态下膜内外气压差能迅速达到一个大气压力，导致密封膜紧贴砂垫层（水平向排水层），地下水位迅速下降，浅层土体重度增加，这相当于瞬间作用于深层土体的"堆载"。吸力影响的范围为真空加固的浅层土体，土体中的水发生渗透，土体固结。由于吸力作用导致的"负压"并没有来得及传递到深层土体中，或者传递的效果不明显，所以深层土体主要受到上述"堆载"作用。这必将在深层土体中产生正的超孔隙水压力，可称之为"正压"。这能够解释上述 2 m、4 m 深度处超孔隙水压力为正值的现象。至于 4 m 以下至 16 m 深度范围内超孔隙水压力为负值，是由于"堆载"作用虽达到一定深度处，但是其影响水平有限所致。"堆载"效应限制了超孔隙水压力降低速率，这也是 4 m 以下至 16 m 深度范围内土体，在抽真空初始阶段，超孔隙水压力值虽然为负值却基本稳定在恒值，没有显著下降的原因。在这个阶段，所打设的竖向排水通道的作用主要是改善土体渗透条件，增加土体排水路径，以便排水，传递负压不占主导地位。射流泵吸力导致的"负压"会随时间增长向土体深层传递，前述观点（2）~（6）大都认为，抽真空一开始便将在土体中，或者至少是贴近薄膜处土体中会产生真空或者"负压"，并向土体深层迅速传递，其实这与实际情况不太符

合。抽真空初始，深层土体中将产生"堆载"导致的正的超孔隙水压力（称之为"正压"），其实际表现是削弱了负超孔隙水压力的降低速度。深层土体并没有马上形成绝对值很大的负超孔隙水压力（称之为"负压"），所以真空渗流场作用下的固结不占主导地位。真空吸力的作用在这个阶段其实是将深层土体中产生的"正压"迅速消散至零，也可以理解为是快速使土体在"正压"下固结。土体实际表现是：当经过一段时间后，孔隙水压力的降低速度明显加快。若没有真空吸力，"正压"也会消散，但时间会加长。土体并没有因为一次性"堆载"产生剪切而破坏，导致失稳的原因需要从土体抗剪强度增长的角度来分析。常规堆载作用下，若一次堆载过大，土体中"正压"消散速率有限，导致土体强度增长有限，土体容易失稳，然而真空吸力导致的"堆载"效应却不一样。真空吸力的施加以及打设的竖向排水通道这两个主要因素加快了"正压"的消散速率，进而加快了土体的渗透固结，土体强度增长迅猛，达到了能抵抗"堆载"的水平，所以土体不会发生失稳现象。当然，若真空吸力不理想（即密封性不好），则"堆载"作用不明显，土体更不会失稳。若没有打设竖向排水通道来改善土体渗透条件，土体强度增长有限，土体也会发生失稳现象。在吸力作用下，土体因"堆载"而产生的"正压"快速降低至零，伴随着这个过程土体实际可以理解为是在"正压"下渗透固结。随时间延续土体在"负压"下发生渗透固结。这一阶段可看作是，真空吸力导致的浅层土体渗透固结，并对深层土体产生"堆载"作用阶段。

在多个项目监测的初期，软土体中一些测点瞬间产生了正超孔隙水压力，一些测点的负超孔隙水压力变化不明显。经过一定时间，这个时间并不长，正超孔隙水压力消散并逐渐过渡到负值，负超孔隙水压力才开始有明显的下降。这些现象证明了这个阶段的存在。

2. 浅层土体固结稳定的同时，深层土体由主要受"堆载"作用向主要受"负压"作用过渡

随着时间的增长，浅层范围内的土体渗透固结稳定，深层土体中的水随真空吸力开始通过竖向排水通道及土体中通道向浅层土体范围渗透。深层土体中的"正压"开始向零变化，或者基本恒定的"负压"开始有明显下降。当"正压"消散至零或者基本恒定的"负压"开始有明显下降时，则"堆载"效应结束。但射流泵依然在工作，这将导致深层地基土体中超孔隙水压力由零变化到一定负值或者由基本恒定的"负压"明显下降至更大的"负压"，这个过程可称之为"负压"的形成的过程。从图2-2中可以明显观察到，4 m深度处土体超孔隙水压力的变化过程：正值→零→负值，之后基本稳定在一个范围。6 m、8 m、10 m等深度处土体超孔隙水压力变化过程：由基本恒定的"负压"明显下降至更大的"负压"。"负压"的绝对值增大到一定值时，土体中的水将在稳定"负压"下发生渗透，土体继续发生固结，直至稳定。这个时候土体固结过程的解释可用前述观点（2）～（6）的思

路，这已为广大学者所接受。这个阶段竖向排水通道的作用就不仅仅为改善土体排水条件的作用了，更重要的是起传递"负压"的作用。

3. 深层土体在"负压"作用下产生渗透固结，并达到稳定平衡

真空预压中，射流泵产生真空吸力，真空吸力使预压地基中的水和空气发生强制对流，将地基中的地下水抽出，从而降低竖向排水通道中的地下水水头，导致排水通道与周围土体中的地下水之间存在水头差，从而构成径向渗流。真空预压地基中的流体运动在射流泵真空吸力作用下将会达到动态平衡，动态平衡在持续一段时间将被打破，也意味着土体渗透固结的结束。

抽水吸力沿竖向排水通道向下逐渐降低，导致负压分布也沿竖向排水通道向下逐渐降低。但是竖向排水通道的"负压"绝对值怎么也不会沿深度减小得比相同深度处土体"负压"绝对值小，这样便导致了竖向排水通道周边"降落漏斗"的形成。真空预压工程实践表明，抽真空作用越强，竖向排水通道内的水头降深越大，预压效果越明显。这从侧面印证了竖向排水通道内负压影响深度受真空作用强度影响的结论。由于降水漏斗的形成导致地下水位下降，使得一部分水下土体变成了水上土体，其有效自重应力增大，除了自身在自重应力增加的情况下会发生"正压"作用效应，又会在其下土层上作用一个相当于"堆载"的效应。从受力分析上来看，对抽真空过程中"负压"的产生、传递并没有帮助，反而会使得因为真空吸力产生的稳定"负压"绝对值减小，破坏负压场。但却能在土体中产生附加应力加固土体。这与有些学者的观点不尽相同。

从以上分析来看，真空预压法加固软基的根源并不是单独的流体渗流场产生的负压差，而是不同时间段"正压"和"负压"共同作用以及在该工法水位下降现象下两种"压力"互相叠加作用。

考虑最简单的情况，即一维情况，建立模型，如图 2-4 所示。

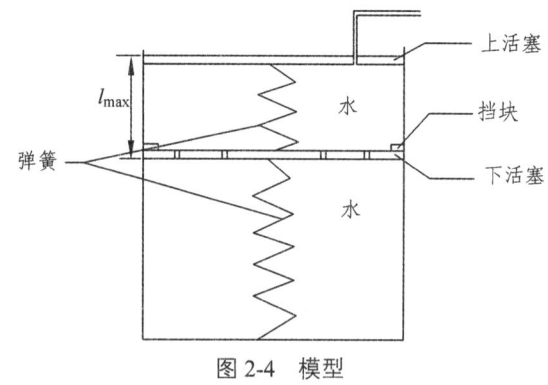

图 2-4 模型

式（2-1）为达西定律在真空作用下的一种形式。真空预压法在抽真空作用的初期，膜内外压力差就能达到设计要求，因为时间短，所以可以假想为瞬间。在这个瞬间，真空作用能够影响的土体厚度记做 l_{max}，其大小是有限的。这个厚度就是使土体中孔隙水渗流速度 $v>0$ 时的最大厚度。这个范围之内的土体可以界定为浅层土体，将产生渗透固结。可将真空预压法的密封膜和其下厚度为 l_{max} 的地基土体（见图 2-4，地基土体由上、下活塞，连接弹簧以及周围杯壁组成）看作是一个抽真空系统，上、下活塞可沿杯壁无摩擦的活动。孔隙水的渗透速度计算，即

$$v = k\left(\frac{u_w - u_a}{l} - I_0\right) \tag{2-1}$$

式中　v——孔隙水的渗透速度；

　　　u_w——一定深度土层孔隙水水头；

　　　u_a——膜下相应土体水平均负压；

　　　I_0——一定深度土层起始水力梯度；

　　　k——渗透系数；

　　　l——与 u_w 和 u_a 相对应的前后两点的距离。

真空预压工法第（1）阶段：在抽真空瞬间（$t \to 0$，t 为时间），上活塞有向下运动的趋势，下活塞有向上运动的趋势，这必定将压缩弹簧，使得两弹簧之间土体有效应力增加，土体渗透固结。由于挡块的存在，下活塞将不会向上运动，将承受挡块向下的瞬间阻力。挡块作用可认为是由膜内外流体压差、l_{max} 以上土层水位下降所增加重力、l_{max} 界面上土层的黏聚力（若用非饱和土力学解释，还可考虑到基质吸力）作用的综合效应。那么对整个系统进行受力分析，可以知道下活塞以下部分（所需加固的绝大部分软土，即深层土体）将承受挡块的压力，这就相当于一个瞬间"堆载"的效应，将使杯子下缸产生正超孔隙水压力。

真空预压工法第（2）阶段：正超孔隙水压力导致水从下缸涌入上缸，下缸正超孔隙水压力开始随着水的流出而消散，同时下缸弹簧变形，开始受力。随着时间的延续（$t>0$），由于吸力作用，水从下缸继续转移到上、下活塞之间，再被抽出杯外，下活塞将向下活动，至此"堆载"结束。

真空预压工法第（3）阶段：当单位时间抽出的水量与单位时间下缸涌入上缸的水量达到平衡时，上、下活塞将保持恒定距离一起向下运动，直至下缸超孔隙水压力达到一个平衡。当 t 趋向于无穷时，水被抽干，真空预压结束。此模型很好地反映了单向真空预压的全过程。

2.2.3 真空预压对比堆载预压加固软基土体应力分析

堆载作用下，软土地基土体将瞬间产生正超孔隙水压力。正超孔隙水压力将随时间的推移逐渐消散，这也是土体中孔隙水被挤压出来的过程。这将导致土体中孔隙体积逐渐减小，土体中有效应力逐渐增长，土体发生了固结现象，发生了垂直变形，强度增长了。

有些学者认为真空预压不会使土体中的总应力增加，但是根据以上真空预压作用机理的分析，这不太符合实际情况。从以上机理分析可以知道，真空预压作用过程，可以分为3个阶段，各个阶段土体受力情况不同。根据太沙基固结理论：$\Delta\sigma' = \Delta\sigma - \Delta u$，（$\Delta\sigma'$ 为有效应力增量，$\Delta\sigma$ 为总应力增量，Δu 为超静孔隙水压力增量），在第一阶段，由于初始"堆载"的效应，深层土体中有效应力的增长是依靠总应力增加、正的超孔隙水压力消散或者孔隙水压力稳定不变来达到的。这个阶段所引起的土体有效应力的增加可不能认为是后两个阶段所引起的。在第二个阶段，土体中超孔隙水压才显著从零或者基本恒定的绝对值较小的负值变化到绝对值较大的负值。可以认为 Δu 由正值变为零或者从基本不变的较小负值显著下降时，"堆载"结束，土体中由"堆载"产生的有效应力的增长完毕，增长值为消散的孔隙水压力和增加的总应力。看得出，这是土体在"正压"下发生了固结现象。在土体中 Δu 变化为零或者基本保持较小恒定负值这一阶段，土体中不存在显著流体负压差的影响。随着时间的增长，Δu 变化为负值，深层土体才开始发生"负压"下的渗透固结。在实际工程中测得膜内外气压差始终维持在 80 kPa 左右，意味着"堆载"一直在持续，但土体相对应的变形除了初始阶段有所反映，在后续阶段已经结束。除非"堆载"强度增加，变形才会继续发展，但是真空预压法的特点限制了"堆载"的大小，无法再超过一个大气压的理想值。

纵观整个真空预压实施过程，大部分加固土体中总应力的变化趋势为先增长，后趋于稳定。有效应力呈现一直增长的趋势，直到流体运动的动态平衡被打破才结束。超孔隙水压力变化过程为从正值一直降低到零，再降低到负值；或者从绝对值较小的负值基本保持恒定不变，再降低到绝对值较大负值，随流体运动的动态平衡被打破而再增加到零。

有效应力增长如图 2-5 所示，若 $q = \sigma_1' - \sigma_3'$，$p = (\sigma_1' + \sigma_2' + \sigma_3')/3$，（$q$ 为有效差应力，p 为大、中、小有效主应力均值，σ_1'、σ_2'、σ_3' 分别为大、中、小有效主应力）。未经扰动的天然地基中土体，在经过漫长的地质年代后已经处于稳定状态。因此各点都处于 K_0 线，也就是固结应力状态，位于 $q-p$ 平面上的 K_0 线上。若堆载过大则有可能达到破坏线 K_f（K_f 线为多个极限应力圆顶点的连线），从而导致地基失稳破坏，所以必须严格控制分级加载的水平。有些学者认为真空预压不会发生这样的情况，分析认为地基中总应力不变，剪应力不会增加，不可能达到破坏线，因此得出结论：真空荷载可以一次性施加。作者认为地基中总应力会发生变化，至于为什么实际工程当中地基没有发生剪切破坏，这主要是由于该工法的特殊性造成的。由以上作用机理分析,可以知道:(1)膜内外气压差及地下水位下降产生的"堆载"效应比实际堆载效应小。根据实际测量,膜内外气压差能达到 80 kPa 左右,且不是加固范围每处都有这个值,气压差波动范围比较大。假设膜内外气压差能达到一个非常大的水平,地基土依然会失去稳定而破坏。常规堆载工程,所加荷载一次性过大,而水排不出则可能发生地基失稳。这好比日常生活中的放鞭炮,鞭炮内化学物质发生反应,使得密封纸包内的气体体积迅速膨胀,鞭炮内外气压差迅速增大,最终发生爆炸。若密封性不好,膨胀的气体能及时漏出,则可能发生"哑炮"现象。实际真空预压施工中所加固软土区域边界上存在漏水漏气现象,而且真空吸力就是人为地使其漏水漏气,"堆载"效应水平有限。(2)真空吸力自始至终伴随着整个工法实施过程,其作用相当明显,能迅速降低"堆载"在土中产生的正超孔隙水压力,快速增长土的抗剪强度;(3)竖向排水通道改善了土体排水条件,水能迅速排出。

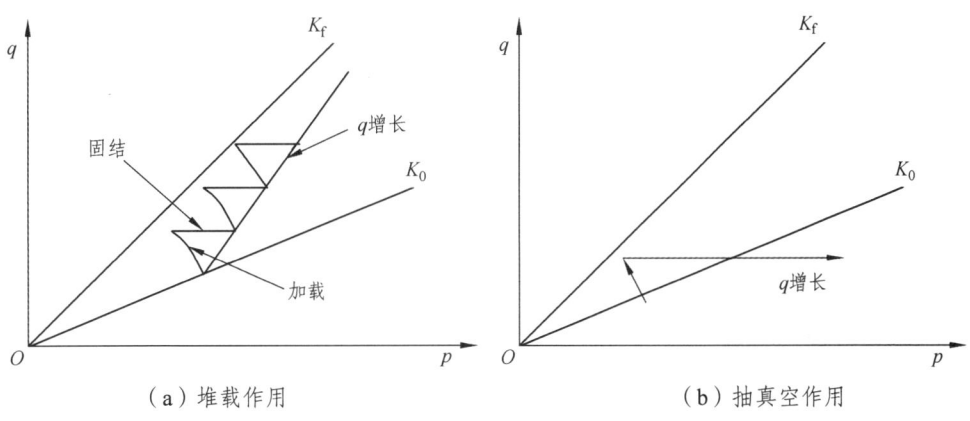

图 2-5 不同加载方式下 K_0 状态土体有效应力增长

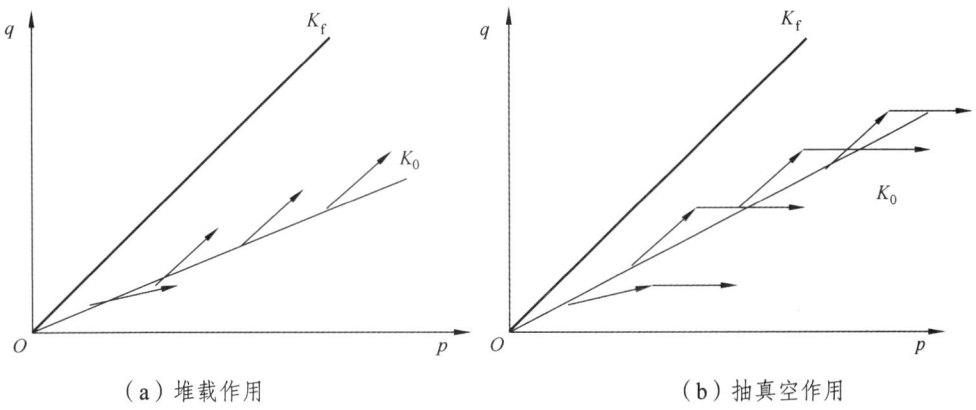

图 2-6 天然地基土体各点在不同加载方式下的应力路径

真空预压加固软基地基中某点，在 $q-p$ 平面上的有效应力路径从 K_0 线上出发，先发生类似堆载的路径，再平行于 p 轴发展，但不可能达到 K_f 线。

研究不同加载方式下的应力路径，天然地基土体中各点都处于 K_0 固结状态，均位于 $q-p$ 平面上的 K_0 线上。土体在经过堆载作用后，离地表距离近且位置处于堆载边缘的浅层土体的有效应力增大路径处于 K_0 线下方，如图 2-6 中的（a）所示。这是因为水平向实际有效应力增量 $\Delta\sigma_3'$ 大于考虑 K_0 固结状态由垂直向有效应力增量 $\Delta\sigma_1'$ 计算而来的水平向有效应力增量 $K_0\Delta\sigma_1'$（K_0 为静止土压力系数），即 $\Delta\sigma_3' > K_0\Delta\sigma_1'$。这将导致离地表距离近且位置处于堆载边缘的浅层土体发生侧向水平收缩位移。但是离地表距离远且位置处于堆载边缘的深层土体的有效应力增大路径却与浅层土体不同，将处于 K_0 线上方。这是因为水平向实际有效应力增量 $\Delta\sigma_3'$ 随着深度增加减小得非常大，其减小幅度远远超过垂直向有效应力增量 $\Delta\sigma_1'$，在达到一定深度后 $\Delta\sigma_3' < K_0\Delta\sigma_1'$。这将导致离地表距离远且位置处于堆载边缘的深层土体发生侧向水平挤出位移。这反映在工程实践当中，加固区边缘深层地基土体都产生了侧向水平挤出位移。

土体在抽真空作用后，离地表距离近且位置处于堆载边缘的浅层土体，在由膜内外流体压差、水位下降造成的"正压"作用阶段，有效应力增大路径处于 K_0 线下方。原因与前述相同，有 $\Delta\sigma_3' > K_0\Delta\sigma_1'$。这将导致离地表距离近且位置处于加固区边缘的浅层土体发生侧向水平收缩位移。但是，离地表距离远且位置处于加固区边缘的深层土体的有效应力增大路径却与浅层土体不同，将处于 K_0 线上方。由于"堆载"水平有限，所影响的地基深度也有限，且时间延续并不长，接着"负压"在"正压"阶段加固的基础上开始占据主导作用，使得 $\Delta\sigma_3' = \Delta\sigma_1'$。有效应力增长路径开始由斜线转变为平行于 p 轴的水平线，随着时间延续，均终将达到 K_0 线下方。这最终将导致所加固土体在真空作用下，发生侧向水平收缩位移。工程实践中，之所以土体侧向水平位移是侧向水平收缩位移，是因为"负压"阶段作用强度要大于"正压"阶段作用强度，位移叠加所导致的。

如图 2-7 所示，在堆载作用之前，软土地基中任一点的应力状态可用有效应力圆 B 表示，地基强度用平均有效应力 $p_0 = 1/2(\sigma_{10}' + \sigma_{30}')$ 所对应的剪切强度用 τ 表示，（p_0 为地基平均有效应力，σ_{10}'、σ_{30}' 分别为初始大、小有效应力）。在堆载预压加固完成后，也就是土中的超静水压力消散完成时，有效应力圆则移到了 B' 位置。这个时候的大小有效主应力为 $\sigma_1' = \sigma_{10}' + \Delta\sigma_1'$，$\sigma_3' = \sigma_{30}' + \Delta\sigma_3'$，（$\Delta\sigma_1'$、$\Delta\sigma_3'$ 分别为大、小主应力增量），从而 $p' = 1/2(\sigma_1' + \sigma_3') = p_0 + 1/2(\Delta\sigma_1' + \Delta\sigma_3')$。$B$ 圆平均有效应力所对应的剪切强度变为了 τ'，强

度增大了 $\tau'-\tau$。

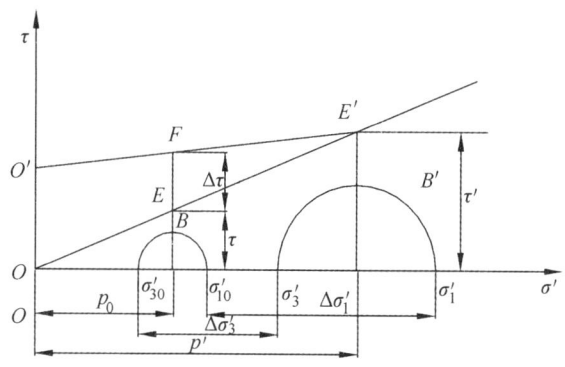

图 2-7 堆载下应力摩尔圆变化

如图 2-8 所示，真空预压之前，深层土体原有的应力状态可用有效应力圆 A 表示，其平均有效应力为 $p_0=1/2(\sigma'_{10}+\sigma'_{30})$。在第一阶段完成时，有效应力圆则移到了 A'，这个时候的大小有效主应力为 $\sigma'_1=\sigma'_{10}+\Delta\sigma'_1$，$\sigma'_3=\sigma'_{30}+\Delta\sigma'_3$，从而 $p'=1/2(\sigma'_1+\sigma'_3)=p_0+1/2(\Delta\sigma'_1+\Delta\sigma'_3)$。在后续阶段，"负压"占据主导作用，孔隙水压力 $\Delta\sigma'$ 是一个球应力，在各个方向上的大小是相同的。那么，$\sigma''_3=\sigma'_3+\Delta\sigma'=\sigma'_{30}+\Delta\sigma'_3+\Delta\sigma'$，$\sigma''_1=\sigma'_1+\Delta\sigma'=\sigma'_{10}+\Delta\sigma'_1+\Delta\sigma'$。所以变化后有效应力圆的大小不变而只是位置改变到了 A'' 圆处，从图可以清楚地看出固结以后的平均应力为 $p''=p_0+1/2(\Delta\sigma'_1+\Delta\sigma'_3)+\Delta\sigma'$。其强度提高比较明显。

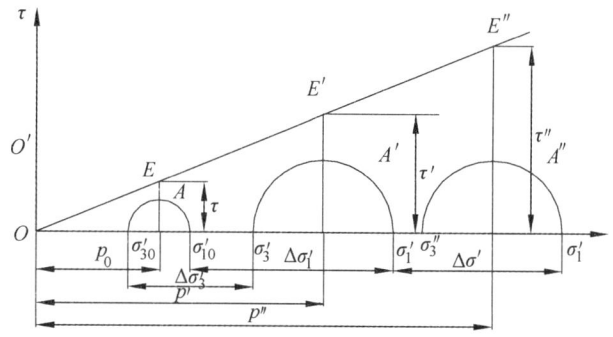

图 2-8 真空下应力摩尔圆变化

相比之下，如果堆载作用和真空作用的大小相同，那么在相同的圆心坐标处，A'' 圆比 B' 圆小，意味着要使得土体达到屈服，也就是使得 A'' 圆接近抗剪强度线，要困难得多。

2.2.4 真空预压对比堆载预压加固软基土体应变分析

若 $q = \varepsilon_1 - \varepsilon_3$，$p = \varepsilon_1 + \varepsilon_2 + \varepsilon_3$，（$q$ 为差应变，p 为主应变之和，ε_1、ε_2、ε_3 分别为大、中、小主应变），如图 2-9 所示，K_0 固结应变路径指的是地基土体单向压缩且无侧向变形的应变路径。该线为第一象限的角平分线，$q-p$ 平面被该线平分。未经扰动的天然地基土体中各点处于 K_0 固结应变状态。地基土体中各点若发生正应变，则应变路径将从该线向上半平面发展，若发生负应变则向下半平面发展。堆载作用后，地基土体中某点的应变路径从 K_0 线上出发，向上半平面增长，这将导致土体发生侧向水平挤出变形。鉴于前述真空预压机理探讨的结果，真空作用后，地基土体中某点的应变路径从 K_0 线上出发，向上半平面增长，再水平发展到 K_0 固结应变线下方。这将导致土体先是发生侧向水平挤出位移，然后再发生侧向水平收缩位移。这与前两节所分析的结果一致。

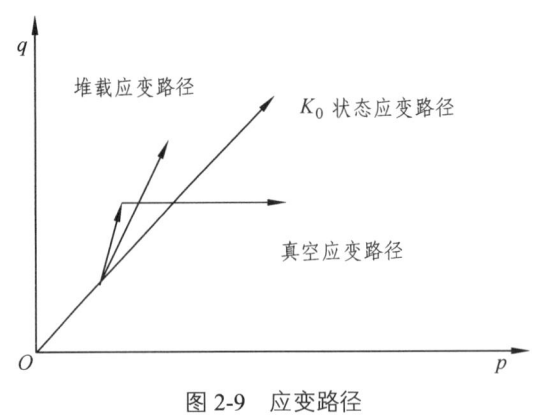

图 2-9 应变路径

图 2-10 所示，天然地基中某点 K_0 固结应变状态用圆 A 表示。堆载作用后，圆 A 变化到圆 C，变化过程中，不过是半径变大而 ε_3 没有变化。但真空预压作用后，基于前述机理的探讨结果，天然地基中某点先从 K_0 固结应变状态圆 A 变化到圆 B，这是机理探讨中的正压阶段，之后再从圆 B 变化到圆 D。圆 A 变化到圆 B 与堆载作用后的圆 A 变化到圆 C 性状相同，不同的是，真空作用后这个效应没有堆载作用后的效应大。而从圆 B 变化到圆 D，可以知道圆的半径没有变化，只是位置发生了改变。对相同土体而言，等向压缩模量大于单向压缩模量。因此附加有效应力在增加相同的情况下（真空预压增加的有效应力包括"正压"和"负压"消散产生的两部分有效应力，即包含单向和等向压缩两部分的平均压缩模量），圆 B 的 ε_1 和圆 D 的 ε_1 始终小于圆 C 的 ε_1，这将使得圆 B 和圆 D 始终在圆 C 之下。得到的结

果与应力摩尔圆分析相同。可以发现,由圆 D 到达 K_f 线比由圆 C 到达 K_f 线难。从而得到结论:如果施加的荷载效应相同,真空预压效果将超过堆载预压的效果。但是真空预压的抽真空强度有限,所以又研究出了不少与其联合加固地基的方法。

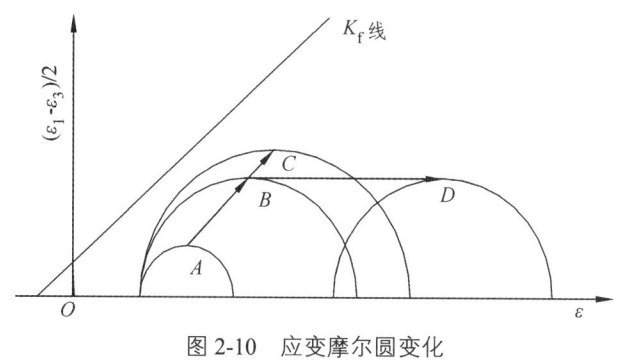

图 2-10 应变摩尔圆变化

2.3 机理分析沉降计算值与实测值的对比研究

根据前述真空预压作用机理的分析,其边界条件和初始条件在各个阶段各不相同。已有文献[77]表明单向真空-堆载联合预压加固地基固结微分方程的解答实际上是真空解答和堆载解答的线性叠加。在室内试验中发现,土体依然处于饱和状态,流失的是土孔隙中的自由水,但是结合水依然使得土体饱和。抽真空作用使得部分土体容重变大,有堆载的效应。计算沉降时,不妨将真空预压加固地基的"正压"和"负压"两个过程的计算结果进行叠加。在这里采用分层总和法计算土体沉降量,计算深度为 18 m,分层厚度为 2 m。即

$$S = \sum_{i=1}^{n} \frac{1}{E_{si}} \frac{\sigma_{zi} + \sigma_{zi-1}}{2} \Delta h_i \tag{2-2}$$

式中 Δh_i——第 i 层厚度。

$\dfrac{\sigma_{zi} + \sigma_{zi-1}}{2}$——第 i 层土平均附加应力。由于真空预压处理的面积非常大,而土层相当于在均布荷载下的薄层,所以认为"堆载"效应下 σ_{zi} 按竖直向不变。第一阶段用 80 kPa 代 σ_{zi};第二阶段,用各个层面上的超孔隙水压力代 σ_{zi}。

E_{si}——第 i 层土的压缩模量。第一阶段的计算采用土体的压缩模量;第二阶段的计算采

用等向压缩模量,与压缩模量的换算公式为 $E_c = \dfrac{1-2K_0\mu}{1-2\mu}E_s$。其中,$K_0$ 为静止侧压力系数;μ 为地基土的泊松比。

(1)"正压"效应阶段,计算出该阶段固结沉降 $S = 54.73$ cm。

(2)"负压"效应阶段,各个层面超孔隙水压力采用各个层面超孔隙水压力稳定值,也就是第 26 次超孔隙水压力监测值,见表 2-2。计算出该阶段固结沉降 $S = 17.63$ cm。

表 2-2 超孔隙水压力取值

层面/m	0	2	4	6	8	10	12	14	16	18
超孔隙水压力/MPa	0	0.052	0.059	0.048	0.042	0.040	0.057	0.066	0.067	0.033
每分层平均超孔隙水压力/MPa	0.026		0.0535		0.041		0.0615		0.05	

两个阶段固结沉降叠加为 72.36 cm,而至抽真空第 56 d 的沉降监测实际数据为 85 cm。实际数据还包括了施工砂垫层和打设塑料排水板所造成的沉降 6~8 cm,若减去这个数据,则计算值更接近实际数据。

地下水位下降将导致露出水面的土体容重增加,相当于在下面土体中产生堆载作用,这必将影响负压的增长和传递。图 2-11 为水位随时间变化曲线。抽真空第 1~3 d 和第 24~31 d,水位下降段明显,从而导致土层中的负孔隙水压力增长趋于缓慢并有所回升。这也表明真空预压法的作用机理并不是单独的流体负压差,而是不同时间段"正压"和"负压"共同作用以及在该工法特有现象下两种"压力"互相叠加。

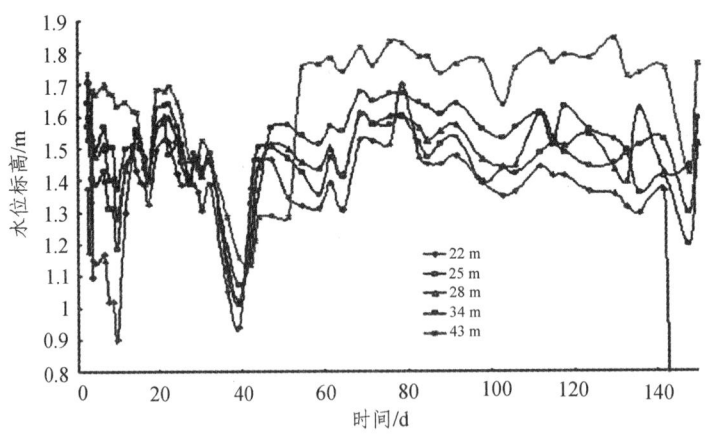

图 2-11 水位随时间变化曲线

2.4 固结理论研究

2.4.1 真空作用下土体一维固结机理探讨

1. 假设条件

（1）土颗粒和水都是不可压缩的。
（2）土体是均质的，而且是饱和的。
（3）土体上的边界荷载假设是一次性瞬间施加的，而且其在土体固结过程中保持不变。
（4）土中水的渗透服从 Darcy 定律，渗透系数保持不变，土体只发生竖向的渗流和压缩。
（5）土体本构关系为线弹性。
（6）孔隙水的排除导致土体变形。

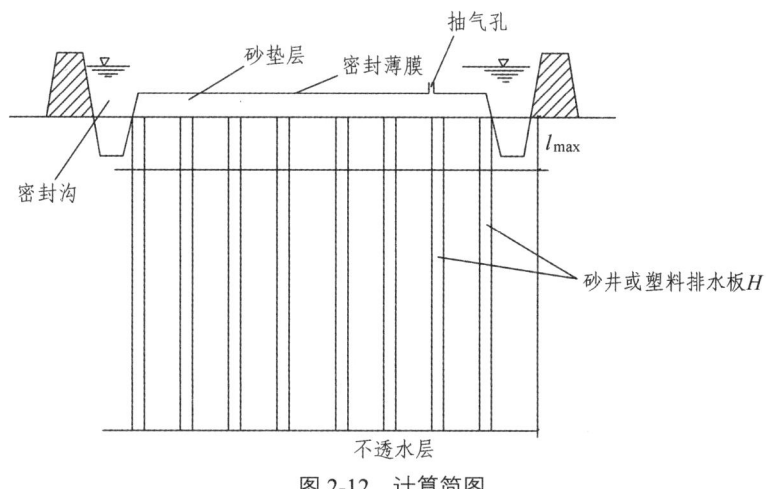

图 2-12　计算简图

2. 方程的建立及初始边界条件

根据连续性条件、达西定律、孔隙比与竖向有效应力变化关系，以及有效应力原理，得到方程[78]，即

$$C_v \frac{\partial^2 u}{\partial z^2} = \frac{\partial u}{\partial t} \tag{2-3}$$

式中　C_v——固结系数；

　　　u——超静孔隙水压力；

z——土层深度；

t——时间。

根据前述变形机理分析，可以知道边界条件和初始条件如图（2-12）所示，

$$t = 0, u_1 = 0, u_2 = 0 \tag{2-4}$$

式中 u_1、u_2 分别为 $l_{\max}$ 以上、$l_{\max}$ 以下土层超静孔隙水压力。

$$0 \leqslant z < l_{\max}, t > 0, z = 0, u_1 = -p_0 \text{（膜下真空度）} \tag{2-5}$$

式中 $l_{\max}$——抽真空瞬间，真空作用能影响到的最大土体深度；

p_0——膜下真空度。

$$z = l_{\max}, \frac{\partial u_1}{\partial z} = \frac{\partial u_2}{\partial z} \tag{2-6}$$

$$l_{\max} \leqslant z < l_{\max} + H, t > 0, z = l_{\max}, u_2 = p_0 + p \tag{2-7}$$

式中 H——$l_{\max}$ 以下透水土层厚度；

p——膜内外流体压差、$l_{\max}$ 以上土体水位下降所增加的重力、界面上土层黏聚力及基质吸力的综合效应。

$$z = l_{\max} + H, \frac{\partial u_2}{\partial z} = 0 \tag{2-8}$$

3. 方程的解答

为简化求解过程，对于第二层土，令 $\bar{z} = z - l_{\max}$，则控制方程可改写成

$$C_v \frac{\partial^2 u_2(\bar{z}, t)}{\partial \bar{z}^2} = \frac{\partial u_2(\bar{z}, t)}{\partial t} \tag{2-9}$$

初始条件及边界条件可分别改为

$$t = 0, u_2 = 0 \tag{2-10}$$

$$0 \leqslant \bar{z} < H, t > 0, \bar{z} = 0, u_2 = p + p_0 \tag{2-11}$$

$$\bar{z} = H, \frac{\partial u_2}{\partial \bar{z}} = 0 \tag{2-12}$$

由于以上两边界条件为非齐次形式，需先进行齐次化，令 $u_2 = v(\bar{z}, t) + w(\bar{z})$，其中 $w(\bar{z})$ 应满足：

$$\begin{cases} w'' = 0 \\ w(0) = p + p_0; w'(H) = 0 \end{cases} \quad (2\text{-}13)$$

解 $\quad w(\bar{z}) = p + p_0 \quad (2\text{-}14)$

再令 $v(\bar{z},t) = F(\bar{z}) \cdot G(t)$，则关于 $v(\bar{z},t)$ 的定解问题可写为

$$\begin{cases} v_t - C_v v_{\bar{z}\bar{z}} = 0 \\ v(\bar{z},0) = -(p + p_0) \\ v(0,t) = 0; v'(H,t) = 0 \end{cases} \quad (2\text{-}15)$$

采用分离变量法，即：

$$v(\bar{z},t) = \sum C_{2n} \sin(A_2 \bar{z}) e^{-A_2^2 C_v t} \quad (2\text{-}16)$$

式中 $A_2 = \dfrac{\pi/2 + n\pi}{H}$。

将式（2-16）代入式（2-15）中第二式（初始条件），等式两边同乘以 $\sin(A_2 \bar{z}) d\bar{z}$，并对全厚度 H 进行积分，可得常数 c_{2n}，即

$$c_{2n} = -\dfrac{2(p + p_0)}{\pi/2 + n\pi} \quad (2\text{-}17)$$

则 u_2 的表达式最终可写为

$$u_2(z,t) = (p + p_0) - 2(p + p_0) \sum_{n=0}^{\infty} \dfrac{1}{M} \sin\left[\dfrac{M}{H}(z - l_{\max})\right] e^{-M^2 T_{v2}} \quad (2\text{-}18)$$

式中 $M = \pi/2 + n\pi$；$T_{v2} = \dfrac{c_v t}{H^2}$，$T_{v2}$ 为时间因子。

对于上层土体，将式（2-18）代入边界条件（2-6）中，可得

$$z = l_{\max}, \dfrac{\partial u_1}{\partial z} = \dfrac{\partial u_2}{\partial z} = -\dfrac{2(p + p_0)}{H} \sum_{n=0}^{\infty} e^{-M^2 T_{v2}} \quad (2\text{-}19)$$

由于边界条件（2-15）和（2-19）也为非齐次形式，采用与上面推导相同的方法，令 $u_1 = v(z,t) + w(z)$，其中 $w(z)$ 应满足：

$$\begin{cases} w'' = 0 \\ w(0) = -p_0; w'(l_{\max}) = -\dfrac{2(p + p_0)}{H} \sum_{n=0}^{\infty} e^{-M^2 T_{v2}} \end{cases} \quad (2\text{-}20)$$

解得：$w(z) = -p_0 - \dfrac{2(p+p_0)z}{H} \sum\limits_{n=0}^{\infty} e^{-M^2 T_{v2}}$

再令 $v(z,t) = F(z) \cdot G(t)$，则关于 $v(z,t)$ 的定解问题可写为

$$\begin{cases} v_t - C_V v_{zz} = 0 \\ v(z,0) = p_0 + \dfrac{2(p+p_0)z}{H} \\ v(0,t) = 0; v'(l_{\max},t) = 0 \end{cases} \quad (2\text{-}21)$$

采用分离变量法，解得：

$$v(z,t) = \sum\limits_{n=0}^{\infty} c_{1n} \sin(A_1 z) e^{-A_1^2 C_V t} \quad (2\text{-}22)$$

式中，$A_1 = \dfrac{\pi/2 + n\pi}{l_{\max}}$。

将式（2-22）代入式（2-21）中第二式（初始条件），等式两边同乘以 $\sin(A_1 z)\mathrm{d}z$，并对全厚度 $l_{\max}$ 进行积分，可得常数 c_{1n} 为

$$c_{1n} = \dfrac{2p_0}{M} + \dfrac{4(p+p_0)l_{\max}}{HM^2}(-1)^n \quad (2\text{-}23)$$

则 u_1 的表达式最终可写为

$$u_1(z,t) = \sum\limits_{n=0}^{\infty} \left[\dfrac{2p_0}{M} + \dfrac{4(p+p_0)l_{\max}}{HM^2}(-1)^n \right] \sin\left(\dfrac{M}{l_{\max}}z\right) e^{-M^2 T_{v1}} - p_0 - \dfrac{2(p+p_0)z}{H} \sum\limits_{n=0}^{\infty} e^{-M^2 T_{v2}} \quad (2\text{-}24)$$

式中 $M = \pi/2 + n\pi$；

$T_{v1} = \dfrac{C_V t}{l_{\max}^2}$，其余符号同前。

讨 论

分析孔隙水压力的解析解答，可以知道抽真空持续作用，正、负超孔隙水压导致水从土体中渗出，土体发生了"堆载"固结，同时也发生了渗透固结。土体的固结是非常复杂

的,是不同时间段"正压"和"负压"共同作用以及在该工法水位下降现象时两种"压力"互相叠加产生的。

实际工程当中,从长期来看,超孔隙水压力在该工法下将很快达到稳定平衡,并保持恒定的分布,但是土体依然在固结。已有研究成果表明[79]:导致土体中孔隙水在孔隙中的渗透现象的根本原因是渗透压力。水分子与土骨架的摩阻力和水分子与水分子之间的摩阻力导致了水流能量的衰减。后者因为水在土体中孔隙水的流速很小,基本可以忽略不计。所以能量的衰减主要是前者造成的。水分子与土骨架的摩阻力使土颗粒做功,导致颗粒之间发生位移,进而导致土体压缩密实,这就是渗透固结。加固区周围一般都有着水源的补充,负的超孔隙水压是补充的动力。若没有水源的补充,则孔隙水压将最终随时间消散。而堆载预压却是将土中的水从土中挤出,即使周围有补充的水源,其也没有补充的动力,所以孔隙水压存在一直消散现象。

真空预压实际监测中,表现如下:一定深度处土中超孔隙水压力在初始阶段先瞬间上升至正压或者基本恒定不变,然后再急剧下降,最终基本稳定在一个定值。初始阶段的变化是由于抽真空引起的负压需要时间传递,抽真空引起的正压需要时间来抵消造成的。超孔隙水压后来维持的负的定值是正、负压作用达到平衡的结果。这也是数值分析法当中将竖向排水通道视为稳定负压边界条件的依据。但是数值分析法却难以模拟土体初始阶段的受力情况,所以土体初始阶段的固结也难以模拟。

解析式中,l_{max} 为抽真空初期所能影响到的最大土体深度,即浅层土体渗透固结的厚度。这可以通过监测初期地层的超孔隙水压力大致得到:在土体中不同的深度处埋设孔隙水压力计,通过观测数据绘制超孔隙水压~观测次数变化曲线(见图 2-13),观察曲线,哪条曲线在初始阶段之后的下降阶段,变化的幅度最大,所对应的深度即为 l_{max}。p 为主要由地下水位下降造成的对深层土体的"堆载"作用,可以通过监测水位下降的深度得到。

8 m 深度处孔隙水压力计算结果与实际测量值的比较如图 2-13 所示。

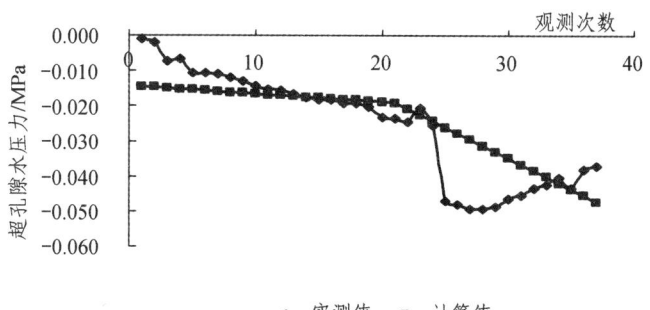

图 2-13　8 m 深度处孔隙水压力计算结果与实际测量值的比较

2.4.2 砂井径向固结的真空预压固结解析解研究

该研究考虑了砂井存在的井阻和涂抹作用,作基本假定如下:
(1)土体变形符合等应变条件。
(2)渗流符合达西定律。
(3)竖向固结理论使用上节分段边界条件考虑。
(4)任一深度处土体中沿井周汇入砂井的流量等于砂井中向上流量的增量。

得到基本方程,即

$$\frac{\partial \varepsilon_v}{\partial t} = -\frac{1}{E_H} \cdot \frac{\partial \overline{u}_r}{\partial t} \tag{2-25}$$

$$-\frac{K_s}{r_w} \cdot \frac{1}{r} \cdot \frac{\partial}{\partial r}\left(r \frac{\partial u_r}{\partial r}\right) = \frac{\partial \varepsilon_v}{\partial t}, \quad r \in (r_w, r_s)$$

$$-\frac{K_h}{r_w} \cdot \frac{1}{r} \cdot \frac{\partial}{\partial r}\left(r \frac{\partial u_r}{\partial r}\right) = \frac{\partial \varepsilon_v}{\partial t}, \quad r \in (r_s, r_0) \tag{2-26}$$

$$2\pi r_w \mathrm{d}z \frac{K_s}{\gamma_w} \cdot \frac{\partial u_r}{\partial r}\bigg|_{r=r_w} = -\pi r_w^2 \mathrm{d}z \frac{\partial}{\partial z}\left(\frac{K_w}{\gamma_w} \cdot \frac{\partial u_w}{\partial z}\right) \tag{2-27}$$

简化为

$$\frac{\partial^2 u_w}{\partial z^2} = -\frac{2K_s}{r_w \cdot K_w} \cdot \frac{\partial u_r}{\partial r}\bigg|_{r=r_w} \tag{2-28}$$

式中 ε_v——考虑径向渗流时影响区内任一点体积应变;

E_H——地基压缩模量;

$\overline{u}_r$,u_r——考虑径向渗流时影响区任一深度 z 处平均超孔隙水压,任一点 r 处超孔隙水压;

u_w——砂井中任一深度 z 处超孔隙水压;

γ_w——水的容重;

t——抽真空时间;

K_s——为涂抹区的水平渗透系数;

K_h——地基水平渗透系数;

K_w——砂井渗透系数;

r_s——为涂抹区半径;

r_w——砂井半径;

r_0——砂井影响半径。

初始和边界条件：

$$0 \leqslant z < l_{\max}, t = 0, \bar{u}_r = 0;$$

$$r = r_w, u_r = u_{w1}$$

$$t > 0, z = 0, u_{w1} = -p_0 \text{（膜下真空度）}$$

其中，u_{w1} 为上层土砂井中超孔隙水压。

$$z = l_{\max} \text{（初始阶段抽真空所能影响的最大深度）}, \left.\frac{\partial u_r}{\partial r}\right|_{r=r_0} = 0$$

$$\frac{\partial u_{w1}}{\partial z} = \frac{\partial u_{w2}}{\partial z}$$

其中，u_{w2} 为下层土砂井中超孔隙水压。

$$l_{\max} \leqslant z < l_{\max} + H, t = 0, \bar{u}_r = 0;$$

$$r = r_w, u_r = u_{w2}$$

$t > 0, z = l_{\max}, u_{w2} = p_0 + p$（流体膜内外流体压差、$l_{\max}$ 以上土体水位下降所增加的重力、界面上土层的黏聚力及基质吸力综合效应）

$$z = l_{\max} + H, \left.\frac{\partial u_r}{\partial r}\right|_{r=r_0} = 0$$

$$\frac{\partial u_{w2}}{\partial z} = 0$$

地基中超孔隙水压力解为

$$0 \leqslant z < l_{\max},$$

超孔隙水压

$$u_r = \begin{cases} p_0 \sum_{m=0}^{\infty} \left[\frac{K_h \cdot B_r}{K_s \cdot \lambda \cdot F_a}\left(\ln\frac{r}{r_w} - \frac{r^2 - r_w^2}{r_s}\right) + \frac{\lambda - B_r}{\lambda} \right] \cdot \frac{2}{M} \cdot \sin\frac{M}{l_{\max}}z \cdot e^{-B_{r1}t} - p_0, r \in (r_w, r_s) \\ p_0 \sum_{m=0}^{\infty} \left\{ \frac{B_r}{\lambda \cdot F_a}\left[\left(\ln\frac{r}{r_s} - \frac{r^2 - s^2}{r_0}\right) + \frac{K_h}{K_s}\left(\ln s - \frac{s^2-1}{2n^2}\right)\right] + \frac{\lambda - B_r}{\lambda} \right\} \cdot \frac{2}{M} \cdot e^{-B_{r1}t} \cdot \sin\frac{M \cdot z}{l_{\max}} - p_0, \\ \qquad r \in (r_s, r_0) \end{cases}$$

(2-29)

固结度，即

$$U = 1 - \sum_{m=0}^{\infty} \frac{2}{M} \sin \frac{M}{l_{\max}} z \cdot e^{-\frac{M^2}{l_{\max}^2} \cdot C_v \cdot t} \tag{2-30}$$

$l_{\max} \leqslant z < l_{\max} + H,$

超孔隙水压，即

$$u_r = \begin{cases} (p+p_0)\sum_{m=0}^{\infty}\left[\dfrac{K_h \cdot B_r}{K_s \cdot \lambda \cdot F_a}\left(\ln\dfrac{r}{r_w} - \dfrac{r^2 - r_w^2}{r_s}\right) + \dfrac{\lambda - B_r}{\lambda}\right] \cdot \dfrac{2}{M} \cdot \sin\dfrac{M}{l_{\max}+H} z \cdot e^{-B_{r2}t} - p_0, r \in (r_w, r_s) \\ (p+p_0)\sum_{m=0}^{\infty}\left\{\dfrac{B_r}{\lambda \cdot F_a}\left[\left(\ln\dfrac{r}{r_s} - \dfrac{r^2 - r_s^2}{r_0}\right) + \dfrac{K_h}{K_s}\left(\ln s - \dfrac{s^2 - 1}{2n^2}\right)\right] + \dfrac{\lambda - B_r}{\lambda}\right\} \cdot \dfrac{2}{M} \cdot e^{-B_{r2}t} \cdot \sin\dfrac{M \cdot z}{l_{\max}+H} - p_0, \\ r \in (r_s, r_0) \end{cases}$$

(2-31)

固结度，即

$$U = 1 - \sum_{m=0}^{\infty} \frac{2}{M} \sin \frac{M}{l_{\max}+H} z \cdot e^{-\frac{M^2}{(l_{\max}+H)^2} \cdot C_v \cdot t} \tag{2-32}$$

其中，

$$M = \frac{2m+1}{2}\pi, m = 0, 1, 2, \cdots$$

$$B_{r1} = \frac{\lambda M^2}{\rho^2 H^2 + M^2}$$

$$B_{r2} = \frac{\lambda M^2}{\rho^2 (l_{\max}+H)^2 + M^2}$$

$$\lambda = \frac{8C_h}{(2r_0)^2 \cdot F_a}, （C_h 为水平向固结系数）$$

$$\rho^2 = \frac{8K_h(n^2-1)}{K_w \cdot (2r_0)^2 \cdot F_a}$$

$$F_a = \left(\ln\frac{n}{s} + \frac{K_h}{K_s}\ln s - \frac{3}{4}\right)\frac{n^2}{n^2-1} + \frac{s^2}{n^2-1}\left(1 - \frac{K_h}{K_s}\right)\left(1 - \frac{s^2}{4n^2}\right) + \frac{K_h}{K_s}\frac{1}{n^2-1}\left(1 - \frac{s^2}{4n^2}\right)$$

$$n = \frac{r_0}{r_w}, \quad s = \frac{r_s}{r_w}$$

（其中，字母含义同前）

若在上节所述的单向固结理论的基础上考虑砂井径向固结，则需要将解出的竖向和径向孔隙水压力，用 Carrillo 定理叠加。

2.4.3 基于大变形固结理论的真空预压机理探讨

软土在荷载作用下发生很大变形，固结系数随时间变化，具有非线性的固结特征，若还按照小变形固结理论计算，则计算结果与实际符合程度不高。因此吉布森等人提出了大变形理论。

大变形固结理论假设条件与太沙基理论假设条件不同的地方是：用孔隙水与骨架的相对速度表示孔隙水的渗流作用；土体本构关系是非线性的；渗透系数是变化的，与孔隙比有关系。大变形理论中，采用的坐标体系有：固相系、流动系和拉格朗日系，不能采用欧拉系。

如图 2-14（a）所示，一维土体固结状况，黏土层的初始状态（$t=0$）为，底部边界不变，在层中取一单元 $A_0B_0C_0D_0$，底部边界为基准面，位置 $a=0$，顶部边界位置 $a=a_0$，单元坐标位置 a，单元厚 δa，孔隙比 e_0，水平面上面积为 1。经时间 t 后，如图 2-14（b）所示，单元从 $A_0B_0C_0D_0$ 变化到 $ABCD$。单元厚度减小为 $\delta\xi$，孔隙比减小为 e，距基准面距离 ξ。流动坐标就是用 ξ 表示的坐标，而拉格朗日坐标就是用 a 表示的坐标。拉格朗日坐标与欧拉坐标的区别：拉格朗日坐标都参照 $t=0$ 的初始状态，而欧拉坐标与时间无关。

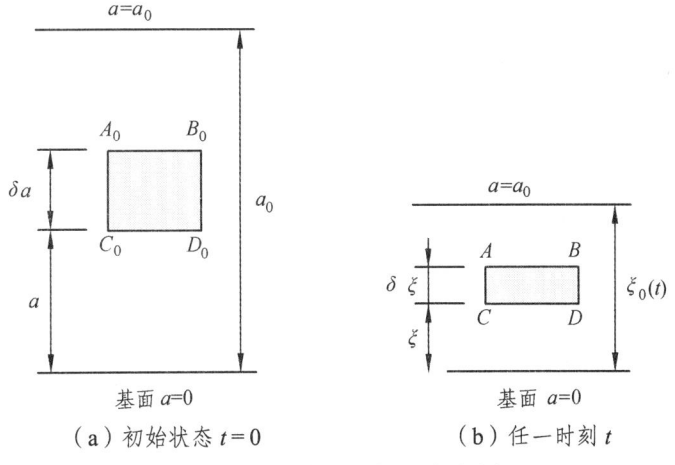

（a）初始状态 $t=0$　　（b）任一时刻 t

图 2-14　拉格朗日坐标及流动坐标

大变形固结理论的控制方程用流动坐标 ξ 表示为

$$\frac{1}{1+e}\frac{\partial e}{\partial t}+\frac{\partial}{\partial \xi}\left[\frac{K}{\gamma_w}\left(\frac{d\sigma'}{de}\frac{\partial e}{\partial \xi}\right)\right]+(G_s-1)\frac{d}{de}\left(\frac{K}{1+e}\right)\frac{\partial e}{\partial \xi}=0 \quad (2\text{-}33)$$

式中 e ——孔隙比；
ξ ——流动坐标；
K ——渗透系数；
σ' ——有效应力；
γ_w ——水的容重；
G_s ——土粒比重。

通过坐标变换关系，即

$$\frac{\partial \xi}{\partial a}=\frac{1+e}{1+e_0} \quad (2\text{-}34)$$

得到大变形固结理论的控制方程用拉格朗日坐标 a 表示为

$$\frac{\partial e}{\partial t}+\frac{\partial}{\partial a}\left[\frac{K(1+e_0)^2}{\gamma_w(1+e)}\frac{d\sigma'}{de}\frac{\partial e}{\partial a}\right]+(G_s-1)\frac{d}{de}\left[\frac{K(1+e_0)}{\gamma_w(1+e)}\right]\frac{\partial e}{\partial a}=0 \quad (2\text{-}35)$$

通过坐标变换关系，即

$$\frac{\partial z}{\partial a}=\frac{1}{1+e_0} \quad (2\text{-}36)$$

得到大变形固结理论的控制方程用固相坐标 Z 表示为

$$\frac{\partial e}{\partial t}+\frac{\partial}{\partial z}\left[\frac{K}{\gamma_w(1+e)}\frac{d\sigma'}{de}\frac{\partial e}{\partial z}\right]+(G_s-1)\frac{d}{de}\left[\frac{K}{\gamma_w(1+e)}\right]\frac{\partial e}{\partial z}=0 \quad (2\text{-}37)$$

即使是简单的初始和边界条件，求解这么复杂的微分方程也是十分困难的，目前通常都是用数值方法求解。

采用固相坐标系，设

$$g(e)=-\frac{K(e)}{\gamma_w}\frac{1}{1+e}\frac{d\sigma'}{de} \quad (2\text{-}38)$$

$$\lambda(e)=-\frac{d}{de}\left(\frac{de}{d\sigma'}\right) \quad (2\text{-}39)$$

将 $g(e)$、$\lambda(e)$ 作为常数,并以 g 和 λ 表示,则方程(2-37)变成线性偏微分方程,即

$$\frac{\partial^2 e}{\partial z^2} - \lambda(G_s - 1)\gamma_w \frac{\partial e}{\partial z} = \frac{1}{g}\frac{\partial e}{\partial t} \tag{2-40}$$

式(2-39)反映了孔隙比与有效应力 σ' 关系,可变化为

$$e = (e_0 - e_\infty)\mathrm{e}^{-\lambda\sigma'} + e_\infty \tag{2-41}$$

式中 e_0 ——初始孔隙比;

e_∞ ——最大固结压力作用下的稳定孔隙比。

对固结方程(2-40)进行无量纲化,引入新中间变量,即

$$E(Z,t) = \frac{e(z',t)}{e(0,0)} \tag{2-42}$$

$$Z = \frac{z}{l} \tag{2-43}$$

$$T_f = \frac{gt}{l^2} \tag{2-44}$$

$$N = \lambda l(G_s - 1)\gamma_w \tag{2-45}$$

式中 l ——土层固体颗粒厚度,即固相坐标系的土层厚度。

则(2-40)式变成无量纲方程,即

$$\frac{\partial^2 E}{\partial Z^2} - N\frac{\partial E}{\partial Z} = \frac{\partial E}{\partial T_f} \tag{2-46}$$

根据不同的初始和边界条件可求解上述方程,得到 $E(Z,T_f)$ 的数值。

定义固结度即

$$U = \frac{S_t}{S_\infty} = \frac{\int_0^1 [E(Z,0) - E(Z,T_f)]\mathrm{d}z}{\int_0^1 [E(Z,0) - E(Z,\infty)]\mathrm{d}z} \tag{2-47}$$

根据不同的初始和边界条件,用数值方法,可得 U 与时间因子的关系,并绘出曲线以便查阅[80]。

2.4.4 基于非饱和土力学的真空预压机理探讨

1. 非饱和土力学简介及其与真空工法的讨论

教材中所叙述的经典的土力学问题都是关于饱和土力学的问题。但是现实工程中的许多土体实际上是处于非饱和状态的。将工程中所有土体认为是饱和土，虽然使得工程问题简单化，但是也导致许多工程问题分析出来的结果与实际结果不符。非饱和土力学的研究同步于饱和土力学的研究。经典的著作是 Delwyn G. Fredlund 和 Harianto Rahadjo 撰写的 *Soil Mechanics for Unsaturated Soils*（《非饱和土力学》）。

饱和土力学用于表述所考虑的问题中孔隙水压力为正值的情况，而非饱和土力学用于表述所考虑的问题中孔隙水压力为负值的情况。一般以地下水位为分界线，分界线以下的水具有正孔隙水压力，分界线以上的水具有负孔隙水压力。也就是说，具有基质吸力或负孔隙水压力这类土就是非饱和土力学讨论的对象。

相比饱和土由固体和液体两相构成不同，非饱和土力学定义非饱和土具有 4 相：固相、液相、气相和水-气分界面。水-气分界面被称为收缩膜。能够承受拉力是收缩膜最大的特点，这是由表面张力造成的。水-气分界面像弹性薄膜一样交织于整个土体结构中。收缩膜的大部分性状均和相邻水相大不相同。有了这 4 相，才有利于对非饱和土单元应力进行分析。这样，非饱和土中的空气和水两相在外加应力差作用下产生流动。非饱和土中的土粒和收缩膜两相在外加应力差作用下达到平衡。

饱和土力学中用一个应力状态变量：有效应力，就能描述土的性状。而在非饱和土力学中却需要 3 个独立的应力状态变量来描述土的性状，即：$(\sigma-u_a)$、(u_a-u_w) 和 (u_a)，σ 为作用于某方向的总法向应力，u_a 是孔隙气压力，u_w 是孔隙水压力，$(\sigma-u_a)$ 是作用于某方向的净法向应力，(u_a-u_w) 是基质吸力。如果假设土粒和水不可压缩，则 u_a 可以消除。因此，非饱和土的全面应力状态可以用两个独立的应力张量表示：

$$\begin{bmatrix} (\sigma_x-u_a) & \tau_{yx} & \tau_{zx} \\ \tau_{xy} & (\sigma_y-u_a) & \tau_{zy} \\ \tau_{xz} & \tau_{yz} & (\sigma_z-u_a) \end{bmatrix} \quad (2-48)$$

$$\begin{bmatrix} (u_a-u_w) & 0 & 0 \\ 0 & (u_a-u_w) & 0 \\ 0 & 0 & (u_a-u_w) \end{bmatrix} \quad (2-49)$$

上面两个矩阵不能合成一个矩阵。

应力状态变量有其他组合形式,若将孔隙水压力 u_w 作为基准,可得应力状态变量组合 $(\sigma-u_w)$、(u_a-u_w) 和 (u_w)。非饱和土力学理论认为,饱和土是非饱和土的特例。对于饱和土,非饱和土中4相变为2相(土颗粒和水)。采用非饱和土理论,可导出饱和土各相平衡方程。

饱和土应力状态与非饱和土应力状态之间有一个过渡。当非饱和土趋向饱和时,饱和度将趋向100%,此时,孔隙水压力 u_w 接近孔隙气压力 u_a,则 (u_a-u_w) 趋向于零。这种情况下,因为基质吸力 (u_a-u_w) 趋向零,饱和土只剩第一应力张量,即

$$\begin{bmatrix} (\sigma_x-u_w) & \tau_{yx} & \tau_{zx} \\ \tau_{xy} & (\sigma_y-u_w) & \tau_{zy} \\ \tau_{xz} & \tau_{yz} & (\sigma_z-u_w) \end{bmatrix} \qquad (2\text{-}50)$$

没有第二应力张量。非饱和土第一应力张量中的孔隙气压力 u_a 变为饱和土应力张量中的孔隙水压力 u_w。式(2-50)中,$(\sigma-u_w)$ 就是有效应力,对于饱和土中土粒可压缩的情况,还要增加一个应力张量 u_w,才能完整地描述饱和土的应力状态。

按照非饱和土力学的界定,由于实际观察中抽真空的过程伴随着地下水位的下降,若认为地下水位与土体表面平齐,则土体在真空预压过程中实际上是从饱和土向非饱和土过渡,即地下水位以上部分属于非饱和土,地下水位以下部分属于饱和土。但是这又与真空预压工法有助于土体的饱和相矛盾。至于真空预压工法下土体的饱和状态改变有待进一步商榷和研究。

2. 基于非饱和土力学的真空预压机理探讨

渗透问题通常分为稳态流和非稳态流。稳态流分析中,土体中任一点的水头和渗透系数不随时间改变;非稳态流分析中,土体中任何一点的水头或渗透系数随时间改变。真空预压过程是个非稳态的渗流固结过程,并同时存在非饱和土固结和饱和土固结。

真空作用下饱和土的固结原理按照前述章节阐述,主要是有效应力的增加引起的土体的固结。有效应力增加的来源有两个,一个是"正压"阶段引起的总应力的增加,一开始是超孔隙水压力承担总应力的增量,超孔隙水压力消散后由有效应力承担;另一个是"负压"引起的,在总应力不变的情况下有效应力增加。

按照非饱和土力学界定,饱和土的固结是指地下水位以下的土体固结;非饱和土的固结是指地下水位以上的土体固结。在真空预压过程中,因为是非稳态渗流,其地下水位是随着时间变化的。所以真空预压过程中,非饱和土固结现象和饱和土固结现象都存在。在真空预压过程中非饱和土的固结原因为抽真空下几个现象的叠加。

1)"正压"效应引起非饱和土的固结

由地下水位下降及真空作用产生的近似瞬间的压力(正压)将使土体本身产生附加应力，同时在土体中产生超孔隙气压力和超孔隙水压力。超孔隙压力会随时间增长而消散，伴随孔隙压力的消散土体产生固结。非饱和土固结中，超孔隙气压力基本上是瞬时消散的；超孔隙水压力的消散则是随着时间进行的，这个过程可用一维状态下（y方向）液相偏微分方程的普遍形式模拟，即

$$m_2^w \frac{\partial u_w}{\partial t} = -(m_{1k}^w - m_2^w)\frac{\partial u_a}{\partial t} + \frac{k_w}{\rho_w g}\frac{\partial^2 u_w}{\partial y^2} + \frac{1}{\rho_w g}\frac{\partial k_w}{\partial y}\frac{\partial u_w}{\partial y} + \frac{\partial k_w}{\partial y} \quad (2-51)$$

式中 m_{1k}^w——在K_0固结状态下相应于静法向应力变化$d(\sigma_y - u_a)$的水体积变化系数；

m_2^w——在K_0固结状态下相应于基质吸力变化$d(u_a - u_w)$的水体积变化系数。

m_{1k}^w和m_2^w在固结中恒定。从上式2-51可知，渗透系数k_w和渗透系数梯度$\partial k_w/\partial y$对孔隙水压力的消散$\partial u_w/\partial t$影响非常大。

2)"负压"使得非饱和土固结

真空预压后，膜下真空压力迅速变化为 -80 kPa 左右，土中的孔隙气压力逐渐减少，减小值由土中真空度决定。因气相渗透梯度的存在，所以土中气压力一般都会大于真空度。土中孔隙水从砂井或排水板中排出，使得部分土层变成非饱和土层。非饱和土有别于饱和土，有固相、水相、气相和收缩膜4相。与它们有关的为两个应力状态变量$(\sigma - u_a)$、$(u_a - u_w)$，分析如下：

（1）应力状态变量$(\sigma - u_a)$。

当孔隙气压力减小至负压后，即(u_a)减小，状态变量$(\sigma - u_a)$增大，这使得土体3个方向净法向应力增大，土体发生三向压缩。

（2）应力状态变量$(u_a - u_w)$。

对于饱和土，孔隙水压力u_a与孔隙气压力u_w相等。当孔隙水减少之后，孔隙水压力u_w变为负值，孔隙气压力也变成负值。其中负孔隙水压力来源于两个方面：一是抽真空引起的负压，这个负压变化的增量与孔隙气压力的变化增量相同；二是由于地下水位下降引起的负压。由于孔隙气相的排出与土的饱和度S_r有关，一般只有当S_r等于85%左右或更低时，气相才变成连续排出，所以孔隙气排出滞后于孔隙水。所以导致孔隙气压力的降低程度也远低于同时刻的孔隙水压力，这样收缩膜上的基质吸力$(u_a - u_w)$增大，收缩膜上的表面张力（即基质吸力）把土粒拉紧在一起，土体也发生3个方向的收缩。许多试验结果表明，一般情况下，当土的含水量接近0%时，基质吸力可达620～980 MPa，当土的含水量为零后，基质吸力将维持不变，所以基质吸力的作用也是相当可观的。

3. 基于非饱和土力学的地下水位升降讨论

真空预压过程是一个孔隙水压力由平衡→不平衡→平衡的过程。在此过程中，关于地下水位升降问题，本加固试验区观测出来的结果为下降。地下水位的定义应区分为稳态条件下地下水位和非稳态条件下地下水位两种情况[81]。一般来说，地下水位是指在稳态条件下，或达到稳态条件时的水位。稳态条件下，孔隙水压力为零的那条等势线就是地下水位线，在大坝中叫浸润面，这可通过钻井监测得到。非稳态渗流条件下，尤其是在真空及真空-堆载联合预压的过程中，加固区的地下水先从土中渗流到竖向排水体中，然后在排水体中从下往上被抽出，因此常规方法测量得到的地下水位，实际上是见水水位，并不代表是真实的地下水位；非加固区的地下水位由于是向加固区渗流而降低，因而能用常规测量方法获得。

无论是饱和土还是非饱和土，水都是从驱动势能高处往驱动势能低处流，而不一定从孔隙水压力高处流向孔隙水压力低处。驱动势能包括位置水头和压力水头。如图 2-15 所示，在抽真空过程中，如果以地基中某一水平面作为基准面，地下水位以上某一相对位置高点 A 的孔隙水压力变为负值，即该点土的压力水头 h_A 为负，A 点的位置水头为 y_A，而地下水位以下另一相对位置低点 B 的孔隙水压力也降低，但该点的压力水头 h_B 为正，B 点位置水头为 y_B。A 点的驱动势能为 $h_{wA}=y_A+h_A$，B 点的驱动势能为 $h_{wB}=y_B+h_B$。虽然 B 点的压力水头 h_B 大于 A 点的压力水头 h_A，但是水不一定从 B 点流向 A 点。正确的水流向应该决定于 A、B 两点的水头 h_{wA}、h_{wB} 的高低，水必然从水头高处向水头低处流动。

如果水从 A 点流向 B 点，则要：$h_{wA}>h_{wB}$，即 $y_A-h_A>y_B+h_B$，则 $h_A+h_B<y_A-y_B$，这相当于降雨补给地下水的过程，则地下水位升高，同时 B 点的正压逐渐增大，A 点的负压绝对值逐渐减小。

在真空预压过程中，由于 h_A 中包括抽真空引起的负压，因而负压的绝对值非常大，则 $h_A+h_B>y_A-y_B$，所以水是从 B 点流向 A 点。如果 A 点与 B 点位于同一水平面，但 A 处于排水体中，而 B 点处于土中，则水会因渗透系数的差异从土中流向排水体中。由于排水体中存在井阻以及土中存在水力梯度，渗流路径将不是水平的。

文献中一般以孔隙水压力为零的面作为地下水位面。在真空预压过程中如果以加固区的孔隙水压力为零（后面称为"零压线"）的线作为地下水位线，这就与传统的地下水位定义相违：①真空预压中的"零压线"不是连续曲线，而是波浪形曲线，波谷在排水体中。②用传统测试方法，在现有"零压线"以上能测得"地下水位"。传统地下水位定义应用于稳态渗流场，液面承受大气压力，这个与大气接触的液面处的孔隙水压力为零，"零压线"以上土层为非饱和土，"零压线"以下土层为饱和土。在真空预压中，非稳态渗流场中的液面承受的是真空负压,抽水使得水向上流动,所以"零压线"以上的土可能是饱和的。

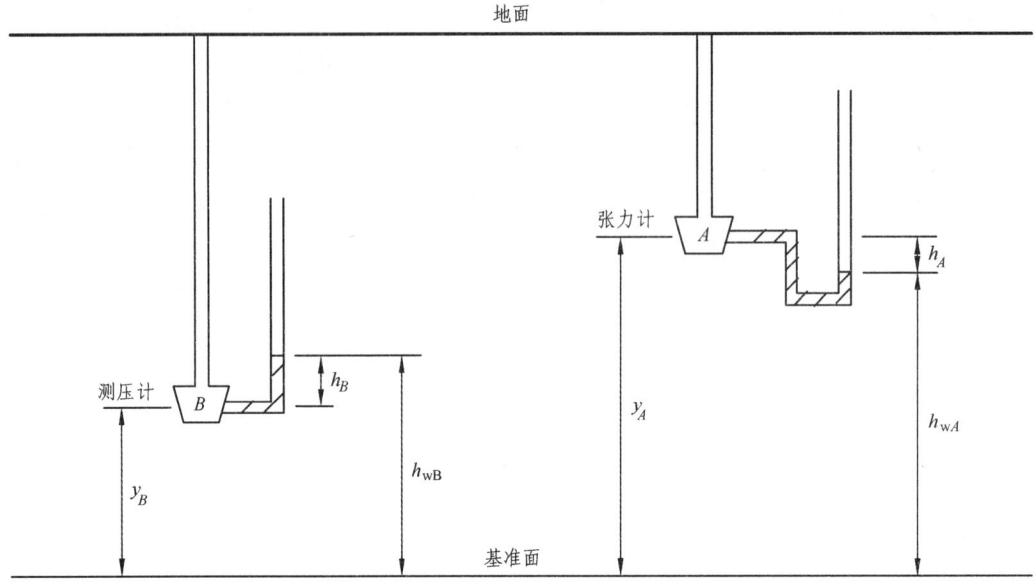

图 2-15　饱和土与非饱和土中的位置水头和压力水头

基于以上分析,对地下水位定义做如下修订:地下水位应该是液相与气相的接触面,气相压力为 1 个大气压。这在稳态渗流场和非稳态渗流场中都适用。稳态和非稳态渗流场中,液相和气相的接触面的定义是相同的。在稳态渗流场中,气相与大气相通,由于土体中气、液接触面处的气压与测试管中气、液接触面的气压相等,所以一般未考虑气压;在真空预压中若用传统方法测量地下水位,土体中气、液接触面处的气压是负压,这与测试管中气、液接触面的气压不相等。因此,在真空预压中存在两条特征水位,一是地下水位,二是孔隙水压力为零的"零压线"。传统的测试地下水位方法在测试非稳态渗流场的地下水位时是有问题的,要测量真实的地下水位,测试管就不能与大气相通。而"零压线"的测量方法应该是用测压计和张力计在一点同时测量,当测压计和张力计都接近零时,则这点位于"零压线"上。

2.5　本章小结

(1)通过对超孔隙水压力实测资料的分析,将真空预压工法下软基土体的固结过程分成 3 个阶段:①浅层土体因真空吸力而渗透固结,深层土体受浅层土体的"堆载"作用;②浅层土体趋于固结稳定，而深层土体逐渐由受"堆载"作用向受"负压"作用转化；③深层土体在"负压"作用下发生渗透固结，并趋于稳定。将加固区土体分为浅层土体和深层土体，浅层土体主要发生渗透固结，深层土体因水位下降造成的"堆载"和真空吸力造成的"负压"共同作用而固结。利用这个理念能很好地解释加固土体中某些测点的超孔隙水压，在抽真空初始阶段提升至正值和基本维持不变的现象。

（2）首次提出真空预压第1阶段所能影响的最大深度l_{max}和由地下水位下降造成的"堆载"效应p的概念。l_{max}可以通过实测土体超孔隙水压力的变化曲线得到，p可以通过监测水位下降的深度通过计算得到。认为真空预压法的作用根源并不是单独的流体渗流场产生的负压差，而是不同时间段"正压"和"负压"共同作用以及在该工法水位下降现象下两种"压力"互相叠加。初始"正压"阶段和水位下降产生的"正压"现象会削弱真空渗流场的强度。

（3）建立了一维"双弹簧"土体固结模型和方程，界定方程初始边界条件，得到了解析解答：

$0 \leqslant z < l_{max}$,

$$u_1(z,t) = \sum_{n=0}^{\infty}\left[\frac{2p_0}{M} + \frac{4(p+p_0)l_{max}}{HM^2}(-1)^n\right]\sin\left(\frac{M}{l_{max}}z\right)e^{-M^2T_{v1}} - p_0 - \frac{2(p+p_0)z}{H}\sum_{n=0}^{\infty}e^{-M^2T_{v2}}$$

$l_{max} \leqslant z < l_{max} + H$,

$$u_2(z,t) = (p+p_0) - 2(p+p_0)\sum_{n=0}^{\infty}\frac{1}{M}\sin\left[\frac{M}{H}(z-l_{max})\right]e^{-M^2T_{v2}}。$$

将计算结果与实测值进行了对比，基本吻合。利用该模型从理论上解释了真空预压法作用机理。着重从有效应力路径、应变路径角度研究了真空及堆载预压法的固结机理和特点，并且进一步在一维"双弹簧"模型基础上，考虑砂井径向固结叠加，进行了超孔隙水压力解析解研究。探讨了基于大变形固结理论和非饱和土理论的真空预压机理。

第 3 章
真空预压加固软土路基沉降变形预测研究

沉降预测是地基处理中的一个主要问题。对于软基而言，沉降与时间紧密相关，沉降随着时间发展，最终趋于稳定。因此，在进行沉降预测时必须考虑时间效应。沉降预测大致分为两类：理论方法和经验方法。前者是根据土体固结理论，选择土体本构关系，采用数值方法来构建的，如比奥固结有限元法、大变形固结有限元法等。该法所需要的计算参数过于复杂。后者则是根据实测沉降与时间的关系，建立公式进行沉降预测，如双曲线法、指数曲线法等。但该法的局限性是仅适合施工加载情况下的沉降预测而无法预测工后沉降。

在此之后，很多学者又提出了用灰色理论、遗传算法、蚁群算法等来进行沉降预测。

3.1 灰色理论模型简介

灰色模型是以灰色模块（时间序列 $X^{(n)}$ 在时间数据平面上的连续线或逼近曲线与时间轴所围成的区域）为基础，以微分拟合法所建立的模拟。

3.1.1 GM（1，1）模型

GM（1，1）模型为 1 个变量 1 阶方程的灰色模型：已知 n 个等距时间序列数据

$$X^{(0)} = [X^{(0)}(1), X^{(0)}(2), \cdots, X^{(0)}(n)] \tag{3-1}$$

为强化序列中潜在的规律，一般需要将 $X^{(0)}$ 做一次累加（AGO）生成变换，即

$$x^{(1)}(k) = \sum_{j=1}^{k} x^{(0)}(j) \tag{3-2}$$

根据具体模型构造参数矩阵 B 与 Y_N，即

$$B = \begin{vmatrix} -\dfrac{1}{2}(x_1^{(1)}(1)+x_1^{(1)}(2)) & 1 \\ -\dfrac{1}{2}(x_1^{(1)}(2)+x_1^{(1)}(3)) & 1 \\ \vdots & \vdots \\ -\dfrac{1}{2}(x_1^{(1)}(n-1)+x_1^{(1)}(n)) & 1 \end{vmatrix} \tag{3-3}$$

$$Y_N = [x_i^{(0)}(2), x_i^{(0)}(3), \cdots\cdots, x_i^{(0)}(n)]^\mathrm{T} \tag{3-4}$$

作最小二乘法计算 GM（1，1）模型中的参数列 β

$$\beta = [a, u] = (B^\mathrm{T} B)^{-1} B^\mathrm{T} Y_N \tag{3-5}$$

对 $X^{(1)}$ 建立白花形式微分方程，即

$$\frac{\mathrm{d} x^{(1)}}{\mathrm{d} t} + a x^{(1)} = u \tag{3-6}$$

将参数列 β 的各个分量代入所构造的白花形式微分方程（3-6），建立时间响应函数

$$x^{(1)}(t) = \left\{ x^{(1)}(0) - \frac{a}{u} \right\} \mathrm{e}^{-a(t-1)} + \frac{u}{a} \tag{3-7}$$

3.1.2　verhulst 模型

verhulst 模型是幂指数为 2 的 GM（1，1）幂模型，其白花形式微分方程为

$$\frac{\mathrm{d} x^{(1)}}{\mathrm{d} t} + a x^{(1)} = u(x^{(1)})^2 \tag{3-8}$$

参数矩阵 B 和 Y_N 为

$$B = \begin{vmatrix} -z^{(1)}(2) & (z^{(1)}(2))^2 \\ -z^{(1)}(3) & (z^{(1)}(3))^2 \\ \vdots & \vdots \\ -z^{(1)}(n) & (z^{(1)}(n))^2 \end{vmatrix} \tag{3-9}$$

$$Y_N = [x_i^{(0)}(2), x_i^{(0)}(3), \cdots, x_i^{(0)}(n)]^T \tag{3-10}$$

式中 $z^{(1)}$ 为 $x^{(1)}$ 的紧邻均值生成序列。

建立 verhulst 模型的时间响应函数，即

$$x^{(1)}(t) = \frac{ax^{(1)}(0)}{ux^{(1)}(0)+(a-ux^{(1)}(0)e^{a(t-1)})} \tag{3-11}$$

3.1.3 精度检验

采用后验差检验法对模型进行检验，后验差比计算式为：$c = \frac{s_2}{s_1}$，小误差概率 $p = p\{|e_k - \bar{e}| < 0.6745s_1\}$，其中 s_1、s_2 分别为原始序列和残差序列的均方差，e 为残差，计算式为

$$s_1^2 = \frac{1}{N} \sum_1^N \{x^{(0)}(k) - \bar{X}^{(0)}\}^2 \tag{3-12}$$

$$s_2^2 = \frac{1}{N} \sum_1^N \{e_k - \bar{e}\}^2 \tag{3-13}$$

$$e = X^{(0)} - \hat{X}^{(0)} \tag{3-14}$$

当模型的精度不符合要求时，可用残差建立模型，对原来的模型进行修正，提高精度。

3.2 灰色理论模型预测沉降断面及实测数据的选择

3.2.1 采用 GM（1，1）模型和 verhulst 模型预测沉降与时间曲线

用所得 K0+342 横断面的实测沉降与时间关系数据进行灰色模型预测。实际工程中，开始抽真空后 8 h 内膜下真空度就达到了 80 kPa 的设计要求，可认为真空荷载稳定。单独真空阶段为 56 d 时间，选择抽真空后 28 d 的 14 组数据运用灰色理论模型进行沉降预测（第 1、3、5、7、9、11、13、15、17、19、21、23、25、27 d 的数据）。实测数据时间间隔均为 2 d，满足灰色理论模型时间间隔相等的要求。实测沉降数据后期逐渐趋于稳定，选择单独真空阶段后 28 d 的 14 组实测沉降数据进行灰色理论模型预测的验证（第 29、31、33、35、37、39、41、43、45、47、49、51、53、55 d 的数据）。时间间隔与前述数据时间间隔相同。

3.2.2 采用 GM（1，1）模型和 verhulst 模型预测分层沉降

选择 K0+342、K+448 断面进行分层沉降预测，均选取真空阶段第 56 d 实测沉降数据进行分层沉降预测，对该断面用不同个数数据进行分层沉降预测，确定最大预测层数。

3.3 灰色理论模型预测沉降结果与分析

3.3.1 采用 GM（1，1）模型和 verhulst 模型预测沉降与时间曲线

采用 GM（1，1）模型和 verhulst 模型对选取的 14 个数据进行模拟，预测后续 14 个时间点的沉降。K0+342 断面采用 GM（1，1）模型和 verhuslt 模型预测表层沉降结果如图 3-1 和图 3-2 所示。

由图可知，采用灰色理论 GM（1，1）模型和 verhulst 模型所模拟的沉降与时间关系曲线和实际测量的沉降与时间关系曲线的变化规律是一致的，都能比较准确地模拟实测数据。对比之下，verhuslt 模型预测的曲线与实际曲线更接近。GM（1，1）模型预测的曲线与实际曲线的误差在第 46 d 之后迅速增大。从 verhulst 模型预测曲线优于 GM（1，1）模型预测曲线的结果，可以知道，verhulst 模型可以用来进行真空预压下软基长期沉降预测，而 GM（1，1）模型则只能预测短期沉降。而且 verhulst 模型预测的数据有较高的精度，误差都控制在 10%以内。

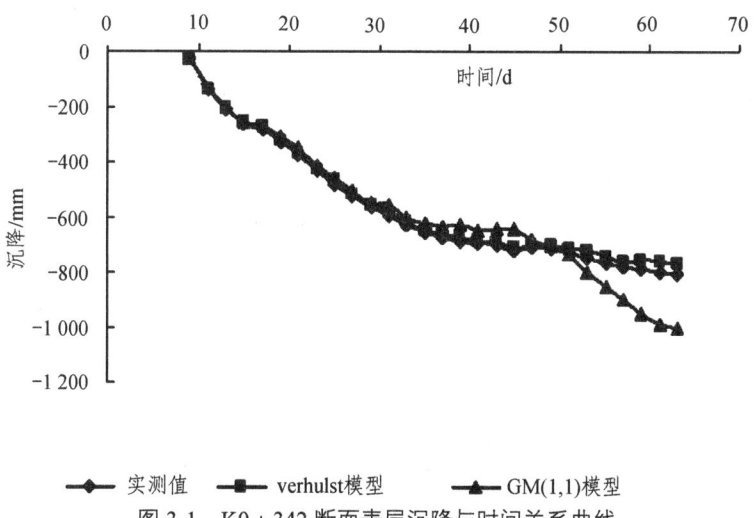

图 3-1　K0+342 断面表层沉降与时间关系曲线

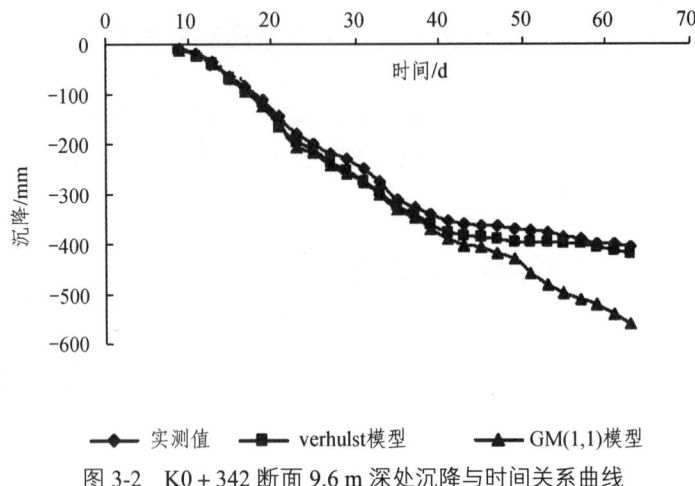

图 3-2　K0+342 断面 9.6 m 深处沉降与时间关系曲线

一般来说,要反映软基沉降与时间关系曲线的后段,就要有相对应段的实测沉降数据的录入。但是如果已经具备了充分数量的沉降实测数据,沉降预测又失去了其"预测"的意义。若用灰色理论 verhulst 预测模型,只要知道前期较少实测沉降值,就能较准确地预测后期沉降的大小。

3.3.2　GM(1.1) 模型和 verhulst 模型预测地基分层沉降

K0+342 断面沿深度设置 13 个沉降观测点,K0+448 断面设置了 12 个。对两个断面分别进行地基分层沉降预测。根据实际测量得到的上层土 10 个点和 9 个点的沉降,分别用 GM(1,1) 模型和 verhulst 模型预测底层 3 点的沉降,并与实测值进行比较,如图 3-3 和图 3-4 所示。

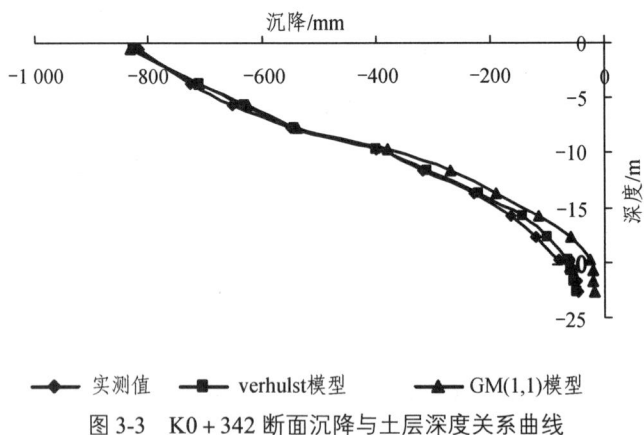

图 3-3　K0+342 断面沉降与土层深度关系曲线

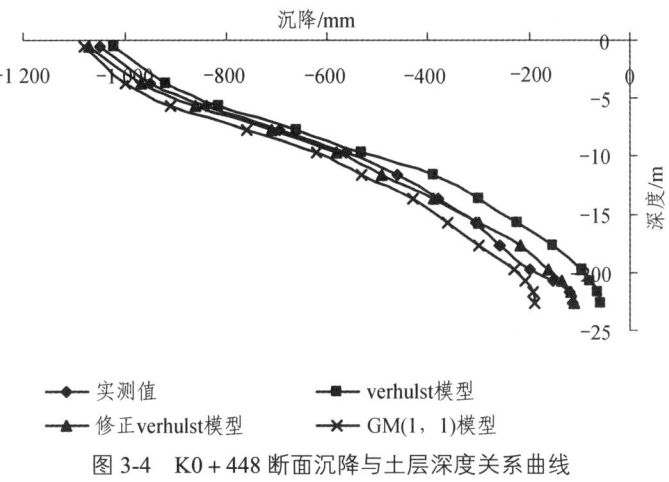

图 3-4　K0+448 断面沉降与土层深度关系曲线

从图可知，无论是哪个断面，GM（1，1）模型与 verhulst 模型都能较准确地模拟出沉降与土层深度的关系曲线，与实际测量的曲线关系规律一致。对于 K0+342 断面的浅层土体，其误差都不大，但是当土体深度超过 10 m 以后，误差明显加大，尤其是 GM（1，1）模型预测的曲线。相比之下，verhulst 模型能较准确地模拟实际关系曲线，就算在 10 m 深度以下也能将误差控制在 10%范围以内。对于 K0+448 断面，用 GM（1，1）模型与 verhulst 模型模拟的曲线相对于 K0+342 断面误差有所增大，土层越深误差越大。分析原因，应该是 K0+342 断面土层分布比较均匀而 K0+448 断面土层分布不均匀造成的。所以接着采用修正残差的 verhulst 模型继续进行沉降预测，从图 3-4 可以知道，修正后的 verhulst 模型模拟结果明显优于未修正的 verhulst 模型。

表 3-1、3-2 为 K0+342 断面和 K0+448 断面的 GM（1，1）模型、verhulst 模型、修正 verhulst 模型的预测精度指标。由表可见 3 种模型的预测精度都很好，对比表 3-1、3-2 两种模型的分层沉降预测精度及图 3-3、3-4 两种模型的预测结果发现，虽然预测精度指标好，但也可能导致预测结果有较大误差。因此，根据预测精度指标 C、P 进行预测时，应结合工程实际评判模型的预测精度。

表 3-1　K0+342 断面 GM（1，1）模型和 verhulst 模型预测精度指标

项目	C	预测精度	P	预测精度
GM（1，1）模型	0.24<0.35	好	1>0.95	好
verhulst 模型	0.03<0.35	好	1>0.95	好

表 3-2　K0+448 断面 verhulst 模型和修正 verhulst 模型预测精度指标

项目	C	预测精度	P	预测精度
verhulst 模型	0.17＜0.35	好	1＞0.95	好
修正 verhulst 模型	0.14＜0.35	好	1＞0.95	好

总的来说，3 种模型都能较好地模拟分层沉降。至于谁优谁劣，则需要考虑诸多因素的影响，比如土层分布是否均匀，工程实际评判模型的精度等等。

3.3.3　不同已知实测点数对分层沉降预测精度的影响

由前述分析可知，verhulst 模型优于 GM（1，1）模型，而修正 verhulst 模型在土层不均匀分布的情况下优于 verhulst 模型。这节将分别使用 verhulst 模型和修正 verhulst 模型，根据不同点的实测数据数对 K0+342、K0+448 断面的分层沉降进行预测。对于 K0+342 断面用 10 点、9 点、8 点、7 点已知实测数据，预测后 3 点、4 点、5 点、6 点沉降。

由图 3-5 可以知道，对于 K0+342 断面，上层土测得数据的点数越多，则预测的下层土沉降越精确。已知 10 点、9 点、8 点的沉降值，使用 verhulst 模型能准确地预测下层土其他各点沉降，误差都不算太大。但是当采用 7 个点实测值进行预测时，15 m 深度以下土层的预测数据却令人失望，最大误差达到了 65 mm，所以，至少应该有 8 个实测数据点才能对下层土沉降进行预测，最大预测层数为 5 层。

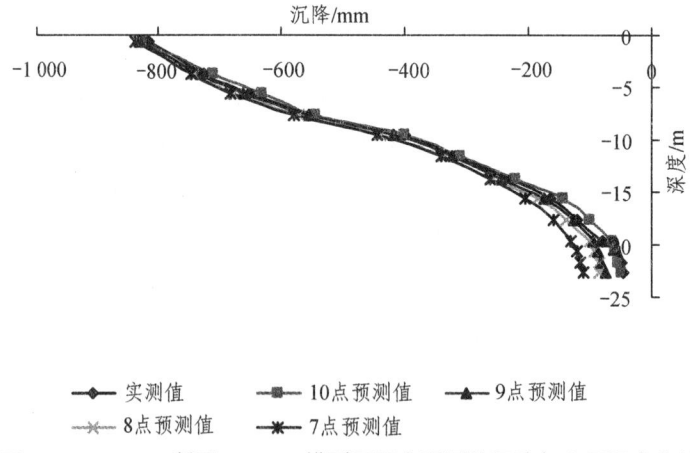

图 3-5　K0+342 断面 verhulst 模型不同点预测的沉降与土层深度曲线

由图 3-6 可以知道，对于 K0+448 断面，已知 8 点实测值进行预测的沉降与土层深度曲线,严重偏离实测沉降数据曲线,最大误差达到 75 mm。因此对于 K0+448 断面,修正 verhulst 模型根据已知 9 点最多预测 3 层分层沉降。

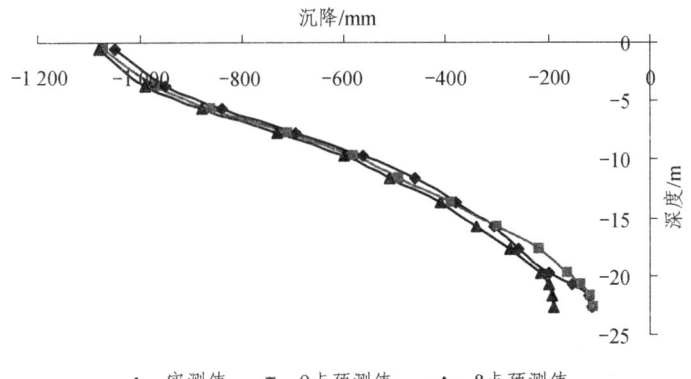

图 3-6　K0+448 断面修正 verhulst 模型不同点预测的沉降与土层深度曲线

总之,对于真空作用下土体固结发生的分层沉降,可以用灰色理论的 verhulst 模型进行预测。软基土层分布均匀时,可以使用 verhulst 模型,最大可以准确预测 5 层分层沉降;软基土层分布不均匀时,可以使用修正 verhulst 模型,最大可以准确预测 3 层分层沉降。

在实际沉降监测工程中,可用灰色理论预测深层土层的沉降,减少埋设和测量的工作量,降低监测费用。同时通过深层预测值和监测值的对比,还可判断测点的好坏,提高监测的精度。

3.4　遗传算法简介

遗传算法是一种较新的计算方法,特点是高度并行、随机和自适应搜索。其不直接与模型参数联系,转而直接联系代表参数的编码;同时在求解中控制着一个解群,而不局限于一个点。这使得计算有了明显的优越性:大幅度提高了搜索效率,避免陷入局部极值;求解时,只需要计算目标函数值而不计算目标函数的微分。这种群体搜索策略和优化计算不依赖目标函数梯度信息,使得解题能力大大提高。也正因为不用计算目标函数的微分,而对目标函数和约束条件没有过高要求,这在处理高度非线性问题方面具有明显的优势。

设非线性模型参数识别为如下优化估计问题:

$$Q = \left[\sum_{i=1}^{m} \left\| f(c_1, c_2, \cdots, c_p, X_i) - Y_i \right\|^q \right]_{\min} \tag{3-15}$$

式中 (c_j)——模型 p 个待优化参数，$c_j \in [a_j, b_j]$，$j = 1, 2, \cdots, p$；

X——模型 N 维输入向量；

Y——模型 M 维输出向量；

f——非线性模型，$f: R^N \to R^M \{(X_i, Y_i) | i = 1 \sim m\}$ 是模型 m 对输入、输出实测值；

$\| \cdots \|$——取范数；

q——实常数，根据实际优化准则要求而定；

Q——优化准则函数。

求解过程分为以下步骤：

（1）参数编码。设编码长度为 k，把模型每个参数的变化区等分成 2^{s-1} 个子区，模型参数变化空间被离散成 $(2^k)^p$ 个参数网格点。其中的每个网格点视为一个体，它代表模型 p 个参数的一种可能取值状态，并用 p 个 s 位二进制表示，通过编码将十进制数转化为二进制串。因此，GA 的直接操作对象是这些二进制串。

（2）产生第一代个体。从上述 $(2^k)^p$ 个网格点中随机选取 n 个点作为初始父代。

（3）评价。把第 i 个个体代入式（1）得相应的优化准则函数 Q_i，Q_i 越小则该个体的适应能力越强。

（4）父代个体的选择：把已有父代个体按优化准则函数值从小到大排序。将排在最前面几个个体称为优秀个体。构造与优化准则函数 Q_i 成反比的函数 p_i 且满足 $p_i > 0$ 和 $p_1 + p_2 + \cdots + p_n = 1$。从这些父代个体中以概率 p_i 选择第 p_i 个个体，共选择两组各 n 个个体。

（5）交叉。由上步得到的两组个体随机两两配对成为 n 对双亲，将每对双亲的二进制的任意一段值互换，得到两组子代个体。

（6）变异。任取上步中的一组子代个体（编码串），对该编码串随机选定位置 E，在 E 位上如果其值是 1 则变为 0，如果是 0 则变为 1。

（7）进化迭代。由上步得到的 n 个子代个体作为新的父代，重复第（3）到第（6）步，生成下一代→重新评价→选择→交叉→变异，直到准则函数 Q 不再变化或新一代中的最小 Q 值与上一代中的最小 Q 值满足一定精度要求为止。则最后一代中函数 Q 值最小的那个编码串所对应的个体为最优秀个体。

（8）解码。为编码的逆操作，将二进制串向量转化成十制，得最优解。

编码长度 k、父代个体数目 n、优秀个体数目 t 和变异概率 p_m 是遗传算法精度的控制参数。通常取 $k = 10 \sim 20$，$n \geq 300$，$t \geq 10$，$p_m = 0.1 \sim 0.5$。

3.5 运用遗传算法进行沉降预测

软土地基的沉降规律可用指数模型表达为

$$S_t = (1-e^{-Bt})S_\infty \tag{3-16}$$

式中 t——沉降时间；

S_t——时间 t 的沉降；

S_∞——软土地基最终沉降量；

B、S_∞——模型参数。

取 $k=10$，$n=300$，$t=10$，$p_m=0.1$。根据观测数据 (t, S_t) 求解式（3-16）中的 B、S_∞，则优化准则函数为

$$Q = \left(\sum_{i=1}^{14}\left[S_t - (1-e^{-Bt})S_\infty\right]^2\right)_{\min} \tag{3-17}$$

选择 K0+342 断面中心点进行沉降预测。单独真空阶段为 56 d 时间，选择抽真空后 28 d 的 14 组数据运用遗传算法进行沉降预测（第 1、3、5、7、9、11、13、15、17、19、21、23、25、27 d 的数据）。实测数据时间间隔均为 2 d。选择单独真空阶段后面 28 d 的 14 组实测沉降数据进行预测的验证（第 29、31、33、35、37、39、41、43、45、47、49、51、53、55 d 的数据）。时间间隔与前述数据时间间隔相同。计算过程中选择 B 的变化区间为[0, 1]，S_∞ 的变化区间为[0, 2000]。表 3-3 为表层沉降实测值、遗传算法拟合值及残差。

表 3-3　表层沉降实测值与遗传算法拟合值及残差　　　　　　单位：mm

t/d	1	3	5	7	9	11	13
实测	−27.74	−137.54	−209.04	−261.68	−283.04	−329.38	−370.98
拟合	−26.59	−135.70	−210.65	−263.85	−285.74	−331.1	−368.93
残差	−1.15	−1.84	1.61	2.17	2.70	1.72	−2.05
t/d	15	17	19	21	23	25	27
实测	−432.95	−483.56	−521.92	−564.17	−597.20	−628.83	−655.06
拟合	−430.84	−480.98	−520.65	−566.23	−598.34	−626.64	−654.14
残差	−2.11	−2.58	−1.27	2.06	1.14	−2.19	−0.9

表 3-4 为模型参数及准则函数。

表 3-4　模型参数及准则函数

位置	遗传算法优化值		Q_1/mm^2
	B	S_∞	
表层	0.0097	788	60.78

由图 3-7、图 3-8 可以知道，采用指数模型的遗传算法能准确地预测后 14 个时间点的沉降，预测精度也非常高。相比之下，浅层预测优于深层预测，这与实测沉降数据与时间的线形有关，由于土层分布复杂，越往深处，沉降与时间关系曲线越偏离假设的模型，导致误差越明显。

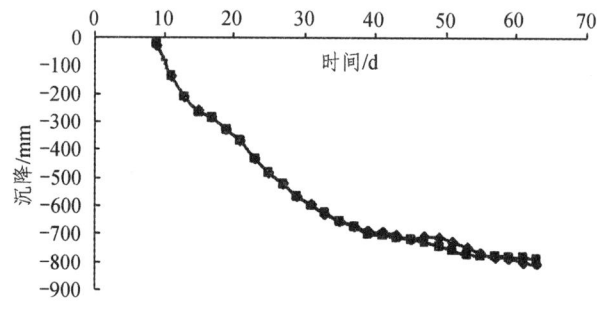

图 3-7　K0+342 断面表层沉降与时间关系曲线

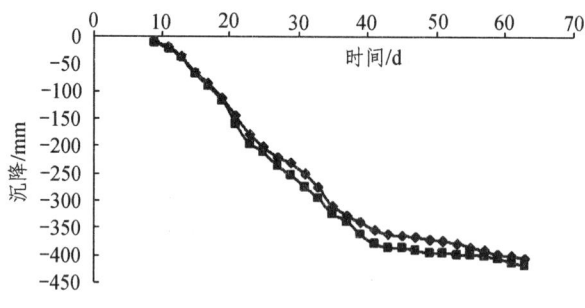

图 3-8　K0+342 断面 9.6 m 深度处沉降与时间关系曲线

3.6 本章小结

本章介绍了灰色理论、遗传算法预测沉降的过程。基于这两种理论，建立了沉降预测模型，对软基沉降进行了预测，得到如下结论：

（1）运用灰色理论和遗传算法建立模型，预测沉降能得到较高的精度。这在解决复杂的最优化问题方面有着广阔的应用前景。

（2）运用灰色理论中的 verhulst 模型，预测土层分布均匀的软基沉降所得到的效果明显优于预测土层分布不均匀的软基沉降。也因此知道，土层分布的复杂与否对预测结果有较大影响。对于土层分布不均匀的软基，建议采用残差修正的 verhulst 模型。进行分层沉降预测的时候，测得越深土层沉降数据越多，所预测的效果越符合实际。

（3）用遗传算法进行沉降预测的结果显示，浅层沉降预测结果优于深层预测结果。土层分布对预测结果也有较大的影响。

第 4 章 真空预压加固软基沉降、稳定分析

4.1 真空预压加固软基沉降计算研究

真空预压和堆载预压均属于排水固结法,其目的是使软土地基在预压期间尽可能完成后续永久性荷载所引起的沉降。(1)若以沉降作为预压工程的控制标准,则要预测加载期间和预压期间的沉降量及发展趋势,推算预压时间;若要超载则要估计超载量;若要卸载则要推算卸载后的回弹变形和剩余沉降;根据沉降量设计排水系统等,这些都是沉降计算的目的。(2)若以稳定为预压工程的控制标准,通过沉降计算,可以估计施工期间因地基沉降而增加的土石方量,预测工程完工后尚未完成的沉降量,以便确定预留高度。由此可以看出,沉降量的计算有非常重要的意义。

真空预压法的施工工期控制方法与软基效果评价方法一样,有沉降量法、固结度法和沉降速率法。真空预压法下预压工期由地基沉降计算直接决定。现代高速快捷的交通运输工程对工后沉降量的要求非常高,比如高速铁路的工后沉降就不能超过 15 mm。沉降预估的合理性也将决定工后沉降的正确性。目前一些工程实践表明:现阶段按堆载预压法计算沉降的方法来计算真空预压法下的地基沉降不够合理,需要改进。

4.1.1 真空预压总沉降量的组成分析

1. 沉降组成

$$S = S_d + S_c + S_s \tag{4-1}$$

式中　S——总沉降 S;

S_d——打设竖向排水通道发生的沉降；

S_c——固结沉降；

S_s——次固结沉降。

2. 瞬时沉降分析

在真空预压施工过程中，打设竖向排水体的机械施工会使得软基土体产生一部分沉降。其大小无法预测，与总沉降也没有多大关系，因而无从进行理论计算。

曾有学者对采用真空预压进行地基处理的工程的瞬时沉降进行了统计，为 8.5~80 cm，瞬时沉降与总沉降量之比为 7.2%~34.1%，差距非常大。若工程地质条件相仿，瞬时沉降与总沉降之比还是相当接近的，由此可知工程地质条件应该是影响瞬时沉降的主要因素。由前述机理可以知道，真空预压加固软基在初始阶段存在剪切变形引起的瞬时沉降，但此部分非常小。

3. 次固结沉降分析

次固结沉降认为是土体有效应力已经基本保持不变，但软基仍随时间增长而发生的沉降。泥炭土、有机质土或高塑性黏土土层，次固结沉降占据很可观的部分，而其他土所占比例不高，许多室内实验和现场实测的结果都表明，次固结沉降的大小与时间的关系在半对数纸上接近于直线，发生于主固结完成之后，因此利用该直线关系可以得到次固结沉降。

4. 总沉降分析

总沉降的计算依然可以采用堆预压法计算总沉降的思路，将固结沉降乘以一个经验修正系数而得到，但对于真空预压工法不同工程实例的修正系数的取值却差别较大，离散严重。曾有学者对国家、行业及地方技术规范中修正系数的取值做过比较分析，发现离散也相当严重。其导致离散原因有：①计算方法不同，包括应力分布模式及参数选择大不相同；②往往真空预压处理结束，地基上面将堆载，堆载的大小也影响沉降计算结果。所以，修正系数的取值应该搞清楚是以真空为主还是以堆载为主，需要慎重选取。

5. 工后沉降分析

t 时刻地基已发生的沉降 S_t

$$S_t = S_x + U_t S_c \tag{4-2}$$

式中　　S_x——打设竖向排水体地基产生的沉降；

U_t——t 时刻地基平均固结度；

S_c —— 地基总固结沉降量。

工后沉降 S_p

$$S_p = S - S_t + S_b + S_s + \Delta S \tag{4-3}$$

式中　S —— 构筑物作用下总沉降；

　　　S_b —— 回弹沉降量；

　　　S_s —— 次固结沉降量；

　　　ΔS —— 真空预压产生的固结沉降量与构筑物产生的固结沉降量差值。

4.1.2　实用沉降计算方法

目前关于沉降计算的方法很多，下面简单介绍几种计算方法[82]-[84]。

1. 次固结沉降的计算

次固结沉降认为是有效应力已经基本上不变，但土的体积仍随时间增长而发生的沉降。泥炭土、有机质土或高塑性黏土土层，次固结沉降占据很可观的部分，而其他土所占比例不大，许多室内实验和现场实测的结果都表明，次固结沉降的大小与时间的关系在半对数纸上接近于直线，发生于主固结完成之后，因此利用该直线关系可以得到次固结沉降。

次固结引起的孔隙比变化可表示为

$$\Delta e = -C_a \lg \frac{t_2}{t_1} \tag{4-4}$$

式中　C_a —— 半对数曲线上直线段的斜率，称次压缩系数；

　　　t_1 —— 相当于主固结达到 100% 的时间；

　　　t_2 —— 需要计算次压缩的时间。

因此，在时间 t_2 时的次固结沉降计算公式为（分层总和法）

$$S_s = \sum_{i=1}^{n} \frac{H_i}{1+e_{0i}} C_{ai} \lg \frac{t_2}{t_1} \tag{4-5}$$

式中　S_s —— 次固结沉降；

　　　H_i —— 第 i 层土的厚度；

　　　e_{0i} —— 第 i 层土的初始孔隙比；

　　　C_{ai} —— 第 i 层的次固结系数。

上述次固结压缩系数 C_a 的大小主要视土的种类而定。在缺乏实验资料时，可按表 4-1 选取。

表 4-1　C_a 经验系数表

土类	C_a
正常固结土	0.005 ~ 0.02
塑性大的土：有机土	≥0.03
超固结土（超固结比 $Pc/Po>2$）（Pc、Po 分别为先期固结土压力和现有土层自重压力）	<0.001

或者，C_a 按天然含水量来估计，为

$$C_a = 0.017w \tag{4-6}$$

式中　w——土的天然含水量，以小数计。

对于同一种土来说，应力增量与初始应力之比越小，次固结与主固结两种沉降之比越大。

2. 瞬时沉降的计算

软黏土的瞬时沉降 S_d 是加荷后地基瞬时产生的，是剪应变引起的。一般按弹性理论公式计算，即

$$S_d = C_d qB(1-\mu^2)/E \tag{4-7}$$

式中　C_d——考虑荷载面积和形状的计算系数；

　　　B——基础宽度；

　　　q——均布荷载；

　　　E——土的弹性模量；

　　　μ——土的泊松比。

3. 分层总和法

（1）按 $e\text{-}\sigma_c'$ 曲线计算。

计算公式为

$$S_c = \sum_{i=1}^{n} \frac{e_{0i} - e_{1i}}{1 + e_{0i}} \Delta h_i \tag{4-8}$$

式中　S_c——固结沉降；

e_{0i}——第i层中点的土的自重应力相对应的孔隙比；

e_{1i}——第i层中点的土的自重应力和附加应力之和相对应的孔隙比；

Δh_i——第i层土厚度。

e_{0i}和e_{1i}从室内固结试验成果e-σ_c'曲线上查得。

（2）按e-$\lg\sigma_c'$曲线计算。

把室内固结试验数据整理成e-$\lg\sigma_c'$曲线，正常固结土的压缩曲线是一条直线，斜率为C_{ci}，其沉降计算公式为

$$S_c = \sum_{i=1}^{n} \frac{H_i}{1+e_{0i}} C_{ci} \lg\left(\frac{\sigma_0' + \Delta\sigma'}{\sigma_0'}\right)_i \tag{4-9}$$

式中，S_c——固结沉降；

C_{ci}——第i层土的原位压缩指数校正值；

e_{0i}——第i层土的初始孔隙比；

σ_0'——自重压力；

$\Delta\sigma'$——增加的附加压力；

H_i——分层厚度。

这个方法考虑了应力历史对沉降的影响，是一个很大的进步。在计算S_d时，由于不易准确测定弹性模量和泊松比，所以会影响结果的精度。根据国内外实测沉降数据资料分析结果，最终沉降可用（4-10）式计算。

$$S_\infty = mS_c \tag{4-10}$$

式中　S_∞——最终沉降；

m——考虑地基剪切变形及其他影响因素的综合性经验系数；

S_c——固结沉降。

4. 应力面积法

应力面积法与传统的分层总和法相比，有以下特点：

（1）附加应力沿深度的分布是非线性的。传统的分层总和法是用分层的上、下层面的附加应力的平均值来作为该分层的附加应力，这会造成很大的误差。而应力面积法由于采用了

精确的"应力面积"的概念，一般可以按地基土的天然层面划分，这使得计算量得到简化。

（2）地基沉降计算深度的确定方法较分层总和法更为合理。由于应力面积法具有同分层总和法一样的基本假设，因此它是一种简化并进行修正了的分层总和法。

5. 应力路径法

应力路径法计算沉降，是用地基内土体的应力变化路径表示施工现场施工前、中、后地基内土体的应力变化情况。土体中某一点的应变、孔压和强度都与应力路径有关，这就能从土体内部应力变化来预测土的变形和强度。应力路径法清楚地阐明了土力学中地基沉降与稳定两大课题中的计算公式的内涵。应力路径法有助于理解目前土工实验及分析计算方法。应力路径法无法避免用弹性理论来计算土体中的应力增量。

6. 流变模型法

流变模型法属于唯象研究范畴，以土体在荷载作用下的宏观反应为依据，近似表现土体流变特性。运用此方法研究土体的沉降，能兼顾考虑土体的应力、应变和时间的相互关系，但土体流变模型参数的确定是否合理是计算结果是否可靠的关键。

7. 数值计算法

随着土木建筑、水利、路桥等工程建设规模不断扩大和复杂程度不断提升，地基承载力、沉降变形、堤坝稳定性等力学变形问题变得越来越复杂。因初始边界条件非常复杂，且非均质，非线性造成了大量偏微分方程的变系数，运用单一的数学方法已根本无法求得精确解，大多数问题需要借助计算机和计算数学采用数值分析的方法求近似解。归纳起来，目前有差分法、有限元法、边界元法、变分法和加权余量法5种。用于软土地基沉降量分析的数值方法主要是差分法、有限元法和边界元法。

8. 应用实测的沉降-时间曲线推算沉降量

（1）指数配合曲线配合法。

该法于1959年由曾国熙提出。各种排水条件下土层平均固结度的理论解可以归纳为下面一个普遍的表达式

$$\overline{U} = 1 - \alpha \cdot e^{-\beta \cdot t} \tag{4-11}$$

如果作为实测的沉降-时间曲线配合法，α，β 则为待定的参数，t 为时间，e为自然数。指数配合曲线法取点图如图4-1所示。

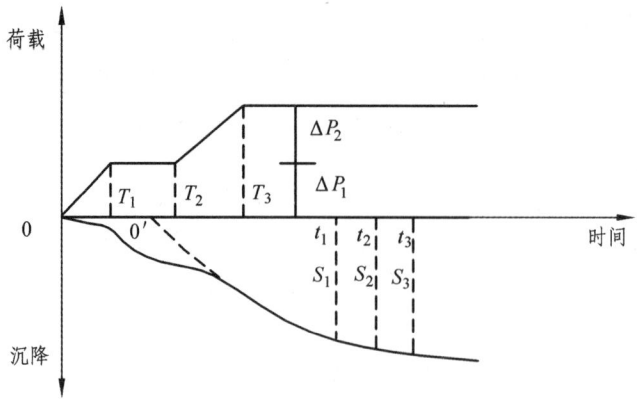

图 4-1 指数配合曲线法取点图

从实测的沉降-时间曲线上选择荷载停止后任意 3 个时间 t_1、t_2 和 t_3，并使 $t_2 - t_1 = t_3 - t_2$，根据上面的式子可以写出 3 个方程，联立求得

$$\frac{1-\overline{U}_1}{1-\overline{U}_2} = e^{\beta(t_2-t_1)} \qquad \frac{1-\overline{U}_2}{1-\overline{U}_3} = e^{\beta(t_3-t_2)} \tag{4-12}$$

又根据固结度的定义

$$\overline{U} = \frac{S_t - S_d}{S_\infty - S_d} \tag{4-13}$$

可解得

$$e^{\beta(t_2-t_1)} = \frac{S_2 - S_1}{S_3 - S_2} \text{（根据这个式子可以解出 } \beta \text{）} \tag{4-14}$$

$$S_\infty = \frac{S_3(S_2 - S_1) - S_2(S_3 - S_2)}{(S_2 - S_1) - (S_3 - S_2)} \tag{4-15}$$

$$S_d = \frac{S_t - S_\infty(1 - \alpha e^{-\beta t})}{\alpha e^{-\beta t}} \tag{4-16}$$

式中 α ——系数，用理论值；

S_t ——从沉降-时间曲线上选取任意时间 t 时的沉降。

在按前面两个式子推算 β 和 S_∞ 时，与时间起点无关，但当按最后一个式子计算 S_d 时，其中 t 应从修正零时点算起。

在从沉降-时间曲线推算 β 和 S_∞ 时，为了减小误差，一般需选取 3 组不同的（t，S）

值，再取平均值，选取（t_2-t_1）尽可能大些，此外，连接沉降-时间曲线时，应力求使曲线光滑，成为规律性较好的曲线，再在曲线上选点。

（2）双曲线法。

双曲线法是假定沉降平均速率以双曲线形式减少的经验推导法。从填筑开始至任意时刻时间 t 的沉降量 S_t 用式（4-17）表示。

$$S_t = S_0 + \frac{t}{a+bt} \tag{4-17}$$

式中　S_0——初期沉降量（$t=0$）；

S_t——t 时的沉降量；

t——经过的时间；

a，b——从实测值求得的系数。

变换上式得到

$$\frac{t}{S_t - S_0} = a + bt \tag{4-18}$$

将得到 $\frac{t}{S_t - S_0}$ 与 t 的关系图。从该直线于纵轴的交点和斜率，可以分别求出 a 和 b，将 a，b 代入上式就可以得到任意时间的沉降量。

当 $t=\infty$ 时，最终沉降量 S_∞ 可以用下式求得。

$$S_\infty = S_0 + \frac{1}{b} \tag{4-19}$$

荷载经过时间 t 后的剩余沉降量 ΔS 用下式求得。

$$\Delta S = S_\infty - S_t \tag{4-20}$$

用此方法推测 t 时沉降，要求实测沉降时间至少在半年以上。

（3）沉降速率法。

设 $S_\infty = mS_c$

$$S_t = \left[(m-1)\cdot\frac{p_t}{p_0} + U_t\right]\cdot S_c \tag{4-21}$$

$$U_t = 1 - \alpha \cdot e^{-\beta t} \tag{4-22}$$

式中　S_c——固结沉降量；

S_t——t 时刻的沉降量；

m——综合性修正系数；

p_t——t 时累计荷载；

p_0——总的累计荷载；

U_t——t 时的固结度。

在恒载条件下，可导得沉降速率为

$$S_v = AS_c e^{-\beta t} \tag{4-23}$$

$$A = \frac{8}{p_0 \pi^2} \sum_1^n q_n (e^{\beta t_n} - e^{\beta t_{n-1}}) \tag{4-24}$$

式中　q_n——第 n 级的加载速率；

t_n，t_{n-1}——第 n 级加荷的终点和始点时间。

将实测的沉降速率 S_v 和时间 t 绘制 $\ln S_v$-t 关系曲线，其截距为 AS_c，斜率为 β。这样 A 可以算出，然后就可以求得 S_c 和 m 值以及最终沉降 S_∞，C_v，C_h。

根据不同的地基条件由下式计算固结系数 C_v，C_h。

$$\beta = \frac{\pi^2 C_v}{4H^2} \qquad \beta = \frac{8 \cdot C_h}{F_a \cdot d_e^2} + \frac{\pi^2 \cdot C_v}{4H^2} \tag{4-25}$$

式中　H——最大排水距离；

C_v，C_h——分别为竖向，水平向固结系数。

$$F_a = \left(\ln \frac{n}{s} + \frac{K_h}{K_s} \ln s - \frac{3}{4} \right) \frac{n^2}{n^2 - 1} + \frac{s^2}{n^2 - 1} \left(1 - \frac{K_h}{K_s} \right) \left(1 - \frac{s^2}{4n^2} \right) + \frac{K_h}{K_s} \frac{1}{n^2 - 1} \left(1 - \frac{s^2}{4n^2} \right)$$

$$n = \frac{r_0}{r_w}, \quad s = \frac{r_s}{r_w}$$

上式字母含义同 2.4.2 节。

（4）Asaoka 法。

Asaoka（1978 年）提出了一种从一定时间过程所得的沉降观测资料来预计最终总沉降和沉降速率的新的实用计算方法。法国道桥实验室探索了这种方法的实用性，且运用软黏土层上实验路段的沉降观测资料似乎已获得预期的结果。图解法的步骤如下：

a. 将画在算术比例图上的时间-沉降曲线划分成相等的时间段 Δt（Δt 通常在 30~100 d 间）。读出相应的时间 t_1，t_2，t_3…时的沉降量 S_1，S_2，S_3……并制成表格；

b. 在以轴 S_{i-1}、S_i 的坐标系中将沉降值 S_1，S_2，S_3……以点（S_{i-1}，S_i）画出。同时作出 $S_{i-1}=S_i$ 的 45°直线。

c. 作直线使之尽量与这些点吻合。这条直线与 45°直线相交的点就给出了最终固结沉降 S_∞。倾斜角 α 和固结系数 C_v 关系如下，

$$C_v = -\frac{5}{12}h^2 \frac{\ln \alpha}{\Delta t} \tag{4-26}$$

式中　α——沉降的速率，它取决与时间间隔 Δt，并随其增加而减少。

综上所述，关于沉降的计算方法太多，无法一一列举，但并不是每个方法都是独立的，不少是相互联系相互补充的。大部分沉降计算都基于总沉降分成为 3 个组成部分，即

$$S_t = S_d + S_c + S_s \tag{4-27}$$

式中　S_d——瞬时沉降量；

　　　S_c——固结沉降量；

　　　S_s——次固结沉降量。

弹性理论法常用于初始沉降的计算，在 Skempton-Bjerrum 法中也采用它来计算初始沉降。次固结沉降计算法应用于次固结沉降的计算。对于固结沉降的计算，多数方法根据一维固结试验得到的压缩性指标计算。

由于本工程为试验段，进行研究是为了把取得的成果推广到整条线路，所以可以用实测曲线来推算沉降。

根据试验工程地质勘探资料可以知道：软土地基中第二层淤泥质粉质黏土，工程性能很差，呈流塑状。可以充分利用实测沉降资料中的沉降-时间曲线来推算最终沉降量，这可以保证有足够的准确度。由于各种推算方法有各自的优点和缺点，本试验段试用以上列出的指数曲线配合法、双曲线法及 Asaoka 法，视其拟和程度的好坏，选择与实际情况较吻合的方法并推算得出相应的参数。

选择里程 K0+342 线路中线沉降作为实例，图 4-2 为 K0+342 沉降-时间关系曲线。

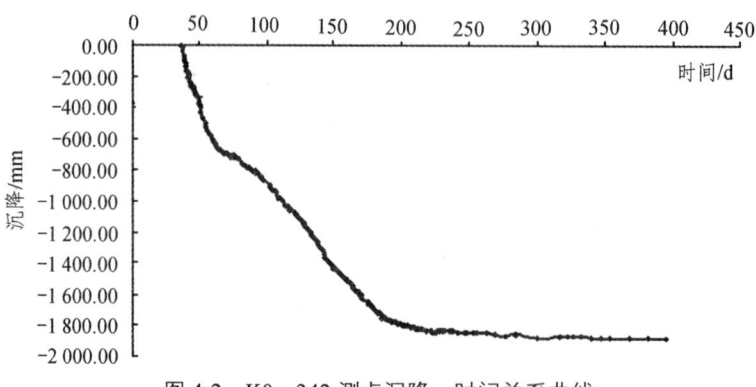

图 4-2　K0+342 测点沉降-时间关系曲线

（5）选用指数曲线配合法进行推算。

在沉降-时间关系曲线上，取最大恒载时段内的 3 点 S_1、S_2、S_3，且 $t_2-t_1=t_3-t_2$；将最大恒载时间内的沉降点用二次方程拟和，拟和曲线如图 4-3 所示。

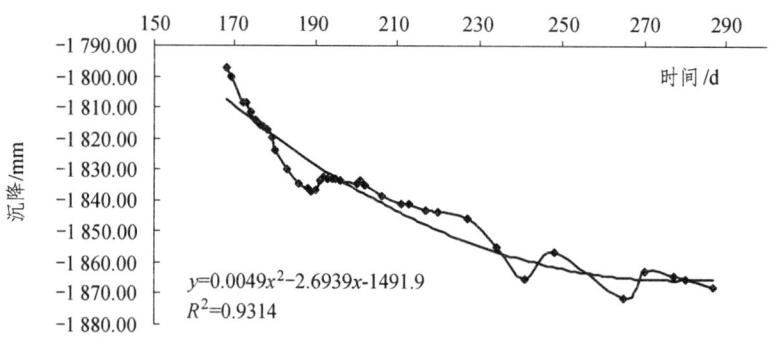

图 4-3　K0+342 测点最大恒载时段内沉降与时间拟和曲线

针对图 4-3 中拟合曲线公式

$$y = 0.0049x^2 - 2.6939x - 1491.9$$

$y=S$、$x=t$，选择 $t_1=168$，$t_2=227$，$t_3=287$。由上式可以得

$$S_1=-1806.2，S_2=-1850.9，S_3=-1861.4$$

将 S_1，S_2，S_3 代入下面两个式子

$$S_\infty = \frac{S_3(S_2-S_1) - S_2(S_3-S_2)}{(S_2-S_1)-(S_3-S_2)}$$

$$\beta = \frac{1}{\Delta t} \ln \frac{S_2-S_1}{S_3-S_2}$$

得到 $S_\infty = 1864.6$（mm），$\beta = 2.4143304 \times 10^{-2}$（d^{-1}）。

用指数曲线配合法推算各个里程线路中线上的沉降计算结果见表 4-2。

表 4-2　各里程测点用指数曲线配合法推算的参数 β 及最终沉降一览表

里程	K0+280	K0+342	K0+370	K0+445	K0+450	K0+500	K0+535
β/d^{-1}	0.015528	0.024143	0.013859	0.014858	0.005195	0.018722	0.032306
S_∞/mm	788.48	1864.6	1746.45	971.15	478.74	941.90	950.12

（6）选用双曲线法进行推算。

根据双曲线法的原理，由实测预压期间的 $\frac{t-t_0}{S_t-S_0}$ 和 $t-t_0$ 的关系得拟合曲线如图 4-4 所示。从拟和公式 $y = -0.0099x - 0.3467$ 可以看出，

$$a = -0.3467, \quad b = -0.0099$$

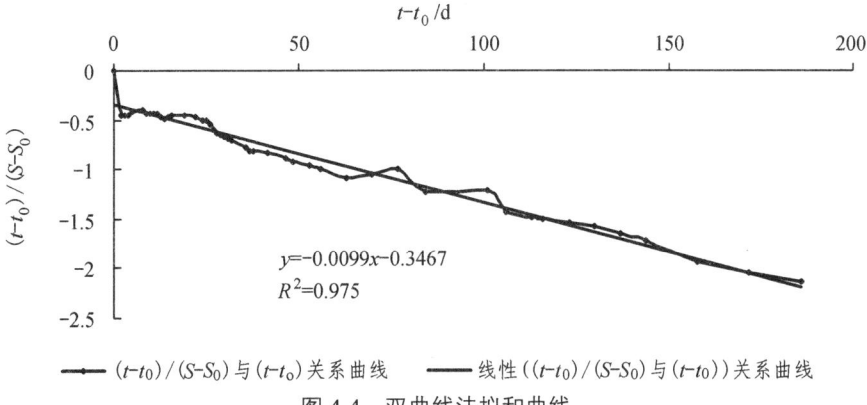

图 4-4　双曲线法拟和曲线

由公式 $S_\infty = S_0 + \dfrac{1}{b}$，可以得到 $S_\infty = 1788.16 + \dfrac{1}{0.0099} = 1889.17$（mm）

由公式 $S_t = S_0 + \dfrac{t}{a+b}$ 可以得

$$S_t = 1788.16 + \frac{t}{0.3467 + 0.0099} = 1788.16 + \frac{t}{0.3566}$$

荷载经过时间 t 后的剩余沉降量可由下式得到。

$$\Delta S = S_\infty - S_t$$

用双曲线法推算各个断面线路中线上的最终沉降，得到结果见表4-3。

表4-3 双曲线法推算的最终沉降一览表

里程	K0+280	K0+342	K0+370	K0+445	K0+450	K0+500	K0+535
S_∞/mm	792.39	1899.27	1752.61	974.73	485.41	948.51	960.82

由以上计算结果对比可以发现，用三点法和双曲线法推算最终沉降的计算结果相差不超过3 cm，推算最终沉降两种方法相差不大。

（7）选用Asaoka法进行推算。

选用 Asaoka 法进行推算所得拟和曲线如图 4-5 所示。由图可知最终固结沉降为 2009 mm。再加上用弹性力学公式算得的瞬时沉降 118 mm，得最终沉降为 2127 mm。各个里程用此法算得的最终沉降见表4-4。

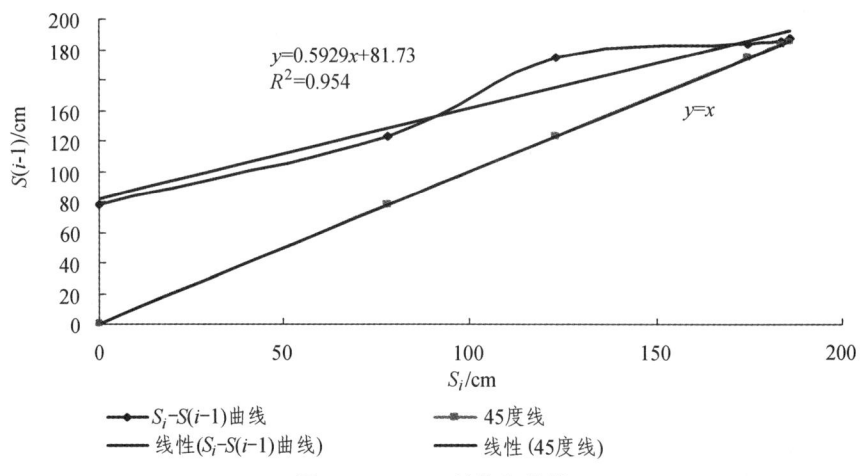

图4-5 Asaoka法拟和曲线

表4-4 Asaoka法推算的最终沉降一览表

里程	K0+280	K0+342	K0+370	K0+445	K0+450	K0+500	K0+535
S_∞/mm	931	2067	2190	1096	598	1014	1207

对比以上计算结果，发现用 Asaoka 法计算的结果比用三点法和双曲线法计算的结果数值偏大。这主要是由于后者计算是选取的加载已经完成的预压期间的实测资料拟合，而前者是选用包括加载期间实测资料拟合造成的。

4.2 真空预压加固软土地基强度增长推测及稳定分析

4.2.1 地基强度增长推测

对于真空预压或真空联合堆载预压加固地基工程，在真空预压过程中，不存在稳定性问题，这在前面机理章节已经论述过。但对于联合作用的堆载或使用荷载的施加，存在地基的稳定性问题，必须进行验算以保证工程的安全。

地基加固过程中，地基某点抗剪强度可表示为

$$\tau_{ft} = \tau_{f_0} + \Delta\tau_{fc} - \Delta\tau_{ft} \tag{4-28}$$

式中 τ_{f_0}——地基土天然抗剪强度；

$\Delta\tau_{fc}$——地基处理强度增长量；

$\Delta\tau_{ft}$——由于剪切蠕变引起的强度衰减。

抗剪强度的提高可表示为

$$\Delta\tau_{fc} = \Delta\sigma' tg\phi'$$

式中 $\Delta\sigma'$——有效应力增量；

ϕ'——内摩擦角。

由于 $\Delta\tau_{ft}$ 难以计算考虑，所以一般采用下式计算 τ_{ft}

$$\tau_{ft} = \eta(\tau_{f_0} + \Delta\tau_{fc}) \tag{4-29}$$

式中 η——修正系数，一般取 0.75～1.0。

4.2.2 地基稳定性分析

地基稳定分析方法采用圆弧分析法，就是要计算抗滑稳定安全系数 K，即

$$K = \frac{M_{抗}}{M_{滑}} \tag{4-30}$$

式中 $M_{抗}$——抗滑力矩，滑弧面上剪切力和重力垂直滑面的分量产生的摩阻力对圆心的矩；

$M_{滑}$——滑动力矩，滑弧体上土体重量对圆心的矩。

$M_{抗}$ 和 $M_{滑}$ 的计算可以参考瑞典条分法。在抗滑力矩计算中，需要考虑真空加固区的抗滑作用。地基稳定分析如图 4-6 所示。

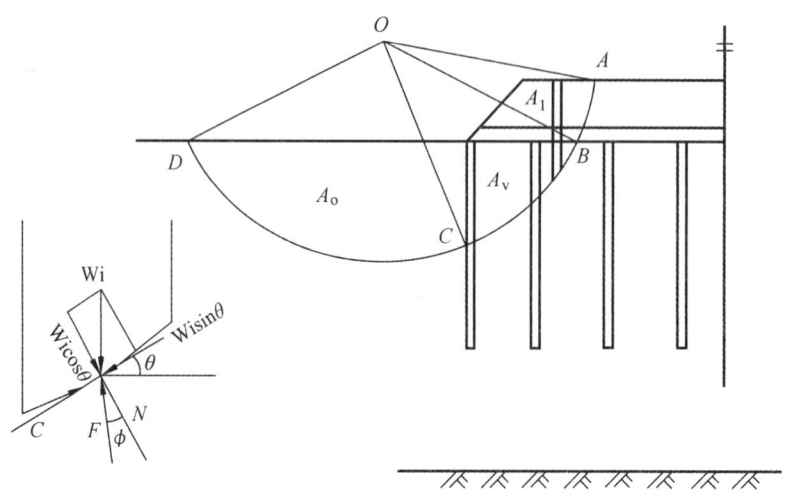

图 4-6 地基稳定分析图示

4.3 真空预压加固软基效果影响因素分析

堆载的大小决定堆载预压法加固软基的效果。堆载将使得地基土体中产生附加应力场。在排水条件下，地基中的附加应力首先由孔隙水承担，产生超孔隙水压力。由于随时间延续土体排水，超孔隙水压力逐渐消散而转化为有效应力。最终，堆载所产生的附加应力场变为了地基固结后所增加的有效应力场。

依据第 2 章机理分析过程，真空预压加固地基的效果取决于真空作用及水位下降带来的堆载附加应力场、未达及达到平衡的稳定渗流场。牵扯到的因素非常复杂。抽真空强度、场地地质条件、地下水赋存情况和竖向排水体的设置等等因素决定了稳定渗流场的形成过程。

4.3.1 抽真空强度影响效果分析

目前评价抽真空强度的指标主要有膜下真空度、单台泵加固面积。

膜下真空度即膜内外流体差，也是土中流体流动的边界条件。现在的真空预压技术基本都能够将其值提高到 80 kPa 以上。膜内外流体压差最大也就是一个大气压差，要再增加设备来提高膜下真空度的值是不可能的。但是工程实践却证明增加设备，加固效果会明显好转。这已经为大多数工程师通过实践所接受。这也从侧面证明纯粹用一个指标来评价抽真空强度不太妥当。

现如今单台泵所管辖的加固面积被工程师们摸索出来为 600~1500 m² 不等，这主要还是依靠经验来选取。本加固区 7000 m²，用了 3 台 750 kW 的泵，效果甚好。所以必须研究制订一套方案来避免随意性造成的浪费及加固效果不佳的现象。

曾有学者做过现场试验验证了增加射流泵会使得加固效果变好的结果，但是过多增加泵数，必然费用也会如期而来。

4.3.2 地下水位下降机理，抽出水量及规律分析

抽真空后，膜下砂垫层内形成真空，从而形成负压。随着负压强度增大，负压将向竖向排水通道中传递。竖向排水通道中的负压与地基土体中的流体产生压力差，这将导致土体中的水向竖向排水通道中渗透，从而使地下水位降低。抽真空导致的水头差及土体重力的变化导致了地下水的流动和挤出，地下水位下降是必然的，这在现场监测试验中可以观测得到。

曾有学者对多个工地实际测量资料进行统计分析，得到地下水位下降深度在 1.3~5.5 m 之间，本工程现场观测，地下水位下降大约 1.5 m，但抽真空影响水位下降水平范围可达到约 20 m。抽真空初期 1 个月，每天抽水时间 9~18 h，出水量 72~168 m³/d。随时间的增长，减少每天抽水时间至 7~8 h，出水量减至每天 56~64 m³。出水量的计算公式为

$$Q = Q_b + Q_c \tag{4-31}$$

式中 Q_b——地下水补充量；
Q_c——固结排出量。

实际上，随着地下水位的下降，抽出水量与加固区周围补充水量将达到动态平衡，这也将导致土体中的负超孔隙水压稳定在一个常量值。

4.3.3 竖向排水通道的作用机理及负压分布探讨

竖向排水通道在真空预压加固软基中作用是：①改善软土体渗透性能，加快固结速度；②传递负压至土体深层。设计中需要解决的问题有两个：①打设深度；②间距。经过对大量文献的研究，打设深度在 15~33 m 之间，间距基本在 1.2~1.5 m 之间变化。

抽真空开始后，孔压变化与初期真空作用产生的"堆载"效应、真空渗流场的形成有关，实际上是它们互相影响的综合表现。而抽真空初期产生的"堆载"效应又与地下水位下降及软黏土的性质有关。一般认为地下水位以下的土体因受到浮托力的作用而在计算自重应力过程中采用浮容重，抽真空导致部分地下水位以下的土体迅速变为地下水位以上土体，自重应力计算时容重的选择从浮容重变为了饱和容重或者湿容重，所以自重应力加大，对下卧深层土体有"堆载"效应。作者趋向于用饱和容重来计算所增加的载荷，原因如下：土中的水分为自由水和结合水，抽真空抽走的为自由水，因为土质的问题，结合水也可以使土体饱和；抽真空本来就有使土体饱和的作用。

关于负压沿竖向排水通道的分布模式，大多数学者都是将膜下真空度沿深度至排水通道底，按直线折减至零或者一个定值。岑仰润通过孔压实测资料和分层沉降观测资料反分析负压分布，得到了排水通道在 20 m 以内，负压均匀分布的结果。

4.4 本章小结

本章分析了真空作用下土体沉降组成，总结了实用沉降计算方法。推测了该工法下土体强度，并进行了稳定性分析。采用指数曲线配合法、双曲线法和 Asaoka 法进行了沉降计算分析。对该工法及联合堆载下土体固结效果进行了研究，着重分析了该工法下影响土体固结效果的诸多因素。

第 5 章 真空及真空-堆载联合预压加固软基效果及试验观测成果分析

5.1 真空及真空-堆载联合预压加固软土地基效果的评价基础

预压排水法处理软土地基效果的评价一般包括如下两个方面：预压荷载作用下沉降量和工后沉降量的测算，预压后地基平均固结度的确定。

5.1.1 太沙基一维固结理论

1. 固结变形机理

天然土体是由固体颗粒构成骨架体，再由水和气填充骨架中的孔隙而组成的三相体系。土颗粒压缩性非常小，在常规工程中，一般都认为不可压缩。因此，土体的变形是孔隙流体的流失及气体体积减小，颗粒重新排列、粒间距离缩短、骨架体发生错动的结果[85]。对于饱和两相土，孔隙水压缩量很小，孔隙水体积的变化量与孔隙水的渗出量相等。

由于孔隙体积变化和颗粒重新排列需要时间，因此土体固结与时间关联。土体所受荷载在初始作用瞬间，主要由孔隙水承担。随后，孔隙水逐渐渗出，孔压逐渐消散，有效应力逐渐增加。在有效应力作用下，土骨架产生的变形分为瞬时变形和蠕动变形，其中后者由于颗粒重新排列及骨架体错动的时间效应而与时间关联。将有效应力卸去后，若变形可恢复，则变形为弹性变形；若变形不可恢复，则变形为塑性变形。

2. 一维固结方程及其解答

1925 年，太沙基建立了饱和土体一维固结微分方程，并获得一定初始边界条件的解析解。

(1)基本假设。

① 土体均质,完全饱和,是理想弹性材料;
② 土体变形微小;
③ 土粒与孔隙水均不可压缩;
④ 土中孔隙水渗流服从达西定律,且渗透系数为常量;
⑤ 土体中只发生竖向孔隙水渗流和竖向压缩变形;
⑥ 荷载一次瞬时施加并维持不变,土体承受的总应力不随时间变化。

(2)方程及其解答。

在上述假定下,可得太沙基单向固结微分方程:

$$C_v \frac{\partial^2 u}{\partial z^2} = \frac{\partial u}{\partial t} \tag{5-1}$$

式中 C_v ——固结系数,$C_v = \dfrac{k}{m_v \gamma_w} = \dfrac{k(1+e)}{a \gamma_w}$;

其中,k ——渗透系数;

m_v ——体积系数;

e ——孔隙比;

a ——压缩系数;

γ_w ——水的容重;

u ——超静孔隙水压;

z ——深度;

t ——时间。

假设土层厚度 H,单面排水。

起始压力和边界条件为

$t=0$;$u=u_0$,u_0 为初始超静孔隙水压力

$z=0$;$u=0$

$z=H$;$\dfrac{\partial u}{\partial z}=0$

借助傅里叶级数可得

$$u(z,t) = \sum_{m=1}^{\infty} \left(\frac{2}{H} \int_0^H u_0 \sin \frac{Mz}{H} dz \right) \sin \frac{Mz}{H} e^{-M^2 T_v} \tag{5-2}$$

式中 $M = \dfrac{(2m-1)\pi}{2}$，m——自然数；

T_v——时间因素，$T_v = C_v t/H^2$。

若整个压缩层内 u_0 为均匀分布，则由（5-2）式可得

$$u(z,t) = u_0 \sum_{m=1}^{\infty} \frac{2}{M} \sin \frac{Mz}{H} e^{-M^2 T_v} \qquad (5\text{-}3)$$

整个压缩层在时间 t 的平均超静水压力 $\bar{u}(t)$，平均固结度 $U(t)$ 和压缩量 $S(t)$ 分别为：

$$\bar{u}(t) = \frac{1}{H}\int_0^H u\,dz = u_0 \sum_{m=1}^{\infty} \frac{2}{M^2} e^{-M^2 T_v} \qquad (5\text{-}4)$$

$$U(t) = \frac{u_0 - \bar{u}(t)}{u_0} = 1 - \sum_{m=1}^{\infty} \frac{2}{M^2} e^{-M^2 T_v} \qquad (5\text{-}5)$$

$$S(t) = m_v \int_0^H (u_0 - u)\,dz = m_v u_0 H \left[1 - \sum_{m=1}^{\infty} \frac{2}{M^2} e^{-M^2 T_v}\right] \qquad (5\text{-}6)$$

若土体是弹性的，则由（5-5）、（5-6）式知道，反映孔隙水压力消散程度的固结度 U 应等于变形比，即

$$U(t) = \frac{u_0 - \bar{u}(t)}{u_0} = \frac{S(t)}{S(\infty)} \qquad (5\text{-}7)$$

式中 $S_{(\infty)}$——最终压缩量，$S_\infty = m_v u_0 H$。

事实上，太沙基一维固结理论的假设条件与实际差距较大，比如，固结过程中，假定荷载为瞬时施加且土中总应力保持不变；土体只发生竖直向的孔隙水渗流和压缩变形等。因此，针对明显偏离太沙基固结理论的土体，不少学者对太沙基的基本假定进行了修正，如 Barder, Berry 的考虑土体透水性变化和压缩性变化的固结理论；Fribson-England-Hussey 的有限应变固结理论等。

5.1.2 固结度的计算

固结度的计算在堆载排水预压法加固设计中是一个重要内容，同样真空排水预压法也是需要解决这些问题的，但是因为在真空预压法中，荷载可以一次施加，一般很快可以达到最大荷载，因此要比堆载预压法计算简单。

对于实际工程中的逐渐加载情况，常用的修正方法有改进的太沙基法和改进的高木俊介法。

关于试验段软基固结度变化可分两个阶段进行分析计算。

（1）从开始抽真空到正式路堤填筑期间（56 d 期间），属于真空预压阶段。此阶段地基沉降与膜下真空度相对应，由于开始抽真空后在 8 h 时间内膜下真空度就达到了设计 80 kPa 的要求，所以最初 5 d，沉降速率很快，可达 4～6 cm/d。随后沉降速率逐渐变小。第 1～3 d 和第 24～31 d 期间，即膜下真空度下降期间，沉降速率明显变小。膜下真空度重新达到 80 kPa 后，沉降速率又变大。至正式开始路堤填筑（第 56 d）前，即真空预压时间约两个月后，K0+342 和 K0+448 两断面沉降速率已分别减小到 3～5 mm/d 和 2～3 mm/d。这说明真空预压阶段的土体主固结变化速率也是一个渐变收敛过程，与堆载预压规律基本一致。两断面正式填筑时总沉降分别达到 85.0 cm 和 42.9 cm（包括路基底部砂垫层及塑料排水板施工引起的少量沉降，6～8 cm）。在这个阶段，可以认为，真空压力是一次瞬间加上去的，所以对于固结度，可以按照理想的瞬间加载计算固结度的方法来进行。

α 值选取考虑竖向和内径向排水固结条件的参考值，为 $8/\pi^2$。β 则采用通过沉降资料推算的数值，这样应更符合工程实际情况。选取 K0+342 这个断面第 10～50 d 的沉降资料，对其进行拟和，其拟合曲线如图 5-1 所示。

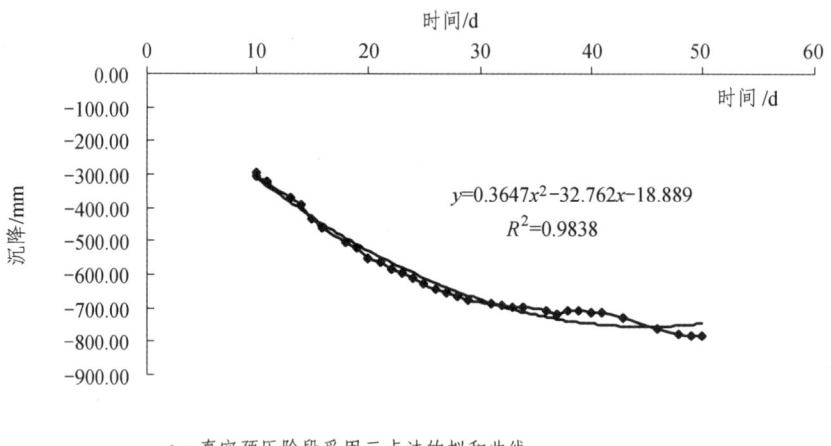

图 5-1　K0+342 真空预压阶段指数曲线配合法拟和曲线

针对图 5-1 中拟合曲线公式 $y = 0.3647x^2 - 18.889$，令 $S = y$、$t = x$ 并选取 $t_1 = 10$，$t_2 = 30$，$t_3 = 50$。代入公式得

$$S_1 = 310.039, \quad S_2 = 673.519, \quad S_3 = 745.239,$$

再利用公式，得

$$\beta = \frac{1}{\Delta t} \ln \frac{S_2 - S_1}{S_3 - S_2} = \frac{1}{20} \ln \frac{673.519 - 310.039}{745.239 - 673.519} = 0.081147731 \ (\text{d}^{-1})$$

接着计算真空阶段的固结度

$$\overline{U} = 1 - \alpha \cdot e^{-\beta \cdot t} = 1 - \frac{8}{\pi^2} \times e^{-0.081147731 \times 55} = 0.990\,657\,145$$

（2）真空-堆载联合阶段，抽真空后第 57 d 正式开始填筑后，沉降速率又变大，其大小与填土速率密切相关。如第 87～93 d 填土速率较快时，其沉降速率大于 1.0 cm/d，至第 152 d，基床表层以下路堤填筑已经完成，K0+342 和 K0+448 两断面沉降量分别已经达到 178.3 cm 和 91.8 cm。这个阶段固结度计算，就要用到前面所说的两种修正方法了。从第 57 d 起正式开始填筑路堤至第 183 d 基床表层以下路堤填筑完成共历时 126 d，分了 14 层填筑，每层的填土厚度约为 0.3 m，填土容重为 20 kN/m³。在利用这两种修正方法进行固结度的计算时，通过多级等速加载模拟实际的路基填土情况，在本试验段中基本上是 9 d 为一个加载周期，因此这里假定：

① 9 d 为一个加载周期。在一个加载周期内，填土时间为 2 d，其余 7 d 为本级荷载的预压期。这种假定基本上与实际填土的情况相吻合。

② α 的选取采用考虑竖向和内径向排水固结条件情况的地基平均固结度的参数值。α 用 $8/\pi^2$，β 则取通过沉降资料推算的数值，这样更加符合实际的加载情况。

③ 从开始填土算起一共进行了 126 d 的加载时间。填筑了 14 层，每层厚度约 0.3 m。

a. 利用改进的太沙基法进行推算。

由多级等速加载的公式：$\overline{U}'_t = \sum_{1}^{n} \overline{U}_{rz}\left(t - \frac{t_{n-1} + t_n}{2}\right) \cdot \frac{\Delta P_n}{\sum \Delta P_n}$

其中，$\overline{U}_{rz} = 1 - \alpha \cdot e^{-\beta \cdot t}$，$t$ 为总预压时间，t_{n-1} 为第 n 级堆载起始时间，t_n 第 n 级堆载结束时间，ΔP_n 为第 n 级荷载

计算过程和计算结果见表 5-1。

表 5-1　用改进的太沙基法计算平均固结度

项目	层数							备注
	1	2	3	4	5~12	13	14	
各级荷载增量 Δh/cm	30	30	30	30	30	30	30	
各级荷载起始时间 t_{n-1}, t_n/d	0~2	9~11	18~20	27~29	…	108~110	117~119	
$t - \dfrac{t_{n-1}+t_n}{2}$/d	293	284	275	266	…	185	176	$t = 294$ d
各级荷载下的 $\overline{u}_t$/(%)	99.931357	99.914697	99.893994	99.868266	…	99.068873	98.842884	
$\Delta P_n / \sum \Delta P_n$	1/14	1/14	1/14	1/14	1/14	1/14	1/14	
修正后的 U_t/(%)	7.137 954	7.136 764	7.135 285	7.133 448	…	7.076 348	7.060 206	0.995 97

b. 利用改进的高木俊介法进行推算。

由计算公式 $\overline{U}'_t = \sum\limits_1^n \dfrac{\Delta P_n}{\sum \Delta P_n}\left[(t_n - t_{n-1}) - \dfrac{\alpha}{\beta} \cdot \mathrm{e}^{-\beta t}(\mathrm{e}^{\beta t_n} - \mathrm{e}^{\beta t_{n-1}})\right]$

其中，$\alpha = 8/\pi^2$，$\beta = 2.414\,330\,4 \times 10^{-2}$ (d^{-1})。

$$\overline{U}'_t = \sum_1^n \dfrac{\Delta p_n}{\sum \Delta p_n}\left[(t_n - t_{n-1}) - \dfrac{\alpha}{\beta} \cdot \mathrm{e}^{-\beta t}(\mathrm{e}^{\beta t_n} - \mathrm{e}^{\beta t_{n-1}})\right]$$

$$= \dfrac{2 \times 14 \times 0.3 \times 20}{20 \times 0.3 \times 14 \times 2} - \dfrac{0.3 \times 20 \times 8}{20 \times 0.3 \times 14 \times \pi^2 \times 0.024\,143\,304} \mathrm{e}^{-0.024\,143\,304 \times 294} \times 4.066\,14$$

$$= 1 - 0.008\,060\,62$$

$$= 0.991\,939$$

对比以上两种算法的计算结果，在两种计算方法具有相同的假定条件，并且具有相同的计算参数时，二者得出的结果一致。这说明了这两个多级加载修正固结度计算公式在本质上是一致的，同时也说明了采用任一个公式计算并不会带来由于公式选择不同而引起的误差。

5.1.3 加固效果评价

目前对软基处理效果评价通常使用以下 3 个标准：工后沉降、平均固结度、沉降速率。这在规范上有所体现。

1. 应用工后沉降评价加固效果

工后沉降指的是施工完成后，交付运营的铁路在运营期间可能发生的沉降。那么，当然可以运用这项指标来衡量软基处理的效果。根据《高速铁路设计规范》[86]中规定：路堤工后沉降要求应小于 15 mm。根据试验期间的资料，用指数曲线配合法推算了最终沉降。将这个规定同本试验段各测点计算的剩余沉降量相对比见表 5-2。可以发现：用指数曲线配合法推算的最终沉降量减去路堤在第 183 d 填筑完后半年多的预压期产生的沉降之差符合要求。

2. 运用平均固结度评价加固效果

固结度是指黏土固结的程度。地基中各处土体固结的程度不同，即各处固结度不同。整个地基的固结度指的是各处土体固结度的平均值，即软土地基的平均固结度。孔隙水压力消散与固结度变化息息相关，根据太沙基有效应力原理，使土体产生固结现象的是有效应力，而有效应力的增大是由于孔隙水压力消散得到的。土体发生固结现象将伴随着变形和强度的增长。所以地基的平均固结度是一个非常重要的指标，它对软基处理的效果评价有非常重要的意义。土体固结实际上也是指土的各种参数指标（如变形、强度等）随时间的关系。所以软土地基的平均固结度在不同的时间各不相同。变化规律是从一个小的百分数逐渐向 100%变化。知道了不同时间的地基平均固结度，就可以推算地基强度的增长量和地基变形的增长量，由此进行路基的稳定性分析和用沉降量控制设计和施工。尤其是对于堆载作用可以设计每级荷载的大小。这也可看出软土地基的平均固结度在软土地基处理的分析中占有相当重要的地位。预压期过后，若软土地基平均固结度达到 80%，那么可以推断剩余沉降量基本可以满足规范对工后沉降量的要求。当然若是特别重要的工程，那么要求将会更高，必然超过 80%。

表 5-2　实测沉降及沉降计算　　　　　　　　　　　单位：mm

里程	沉降						
	实测沉降 $S(t=294\ d)$	总沉降量 $S_总$	固结沉降量 S_c	瞬时沉降量 S_d	剩余沉降量 S_r	沉降系数 m_s	$S_d/S_总$
K0+280	771.78	786.48	668.20	118.28	14.70	1.18	0.15
K0+342	1870.22	1883.17	1771.17	112.00	12.95	1.06	0.06
K0+370	1730.61	1744.45	1455.38	289.07	13.84	1.20	0.17
K0+445	954.78	967.15	890.96	76.19	12.37	1.09	0.08
K0+450	467.56	478.74	396.74	82.00	11.18	1.21	0.17
K0+500	912.87	925.90	819.04	106.86	13.03	1.13	0.12
K0+535	894.28	905.12	858.12	47.00	10.84	1.05	0.05

通过现场监测试验得到了丰富的实测沉降-时间曲线。根据现场实测沉降-时间曲线，可以计算出比室内试验更加符合工程实际的平均固结度计算参数 β，因为这样得到的固结参数 β 考虑了塑料排水板的影响。各个断面 β 值计算结果见表 5-3。在得出 β 之后就可以计算软土地基不同测点、不同时间的平均固结度。

表 5-3　各里程 β 值　　　　　　　　　　　　单位：d^{-1}

里程	K0+280	K0+342	K0+370	K0+445	K0+450	K0+500	K0+535
β	0.015 528	0.024 143	0.013 859	0.014 858	0.005 195	0.018 722	0.032 306

表 5-4　地基平均固结度（预压期起始时间为 182 d）

里程	时间			
	$t=192\ d$	$t=222\ d$	$t=252\ d$	$t=294\ d$
K0+280	75.84%	84.84%	90.48%	95.04%
K0+342	90.54%	95.42%	97.78%	99.19%
K0+370	70.77%	80.71%	87.27%	92.89%
K0+445	73.93%	83.30%	89.31%	94.27%
K0+450	74.65%	81.40%	91.73%	95.86%
K0+500	83.08%	90.35%	94.50%	97.49%
K0+535	95.86%	98.43%	99.41%	99.85%

这里分别利用修正的太沙基法和改进的高木俊介法进行了固结度的计算。

地基平均固结度如表 5-4 所示。从表中发现 K0+280、K0+370、K0+445、K0+450 断面在进入预压期后 10 d 时，地基平均固结度就达到了 70%~80%，K0+500 断面达到了 80%以上，K0+342、K0+535 断面达到了 90%以上。在进入预压期后 40 d 时（即 $t=222$ d 时），所有断面地基平均固结度都超过了 80%。在进入预压期后 70 d 时（即 $t=252$ d 时），所有断面地基平均固结度都接近或者超过了 90%。在进入预压期后 112 d 时（即 $t=294$ d 时），所有断面地基平均固结度都超过了 90%。《建筑地基处理技术规范》（JGJ 79—2012）规定："当地基经预压消除的变形量满足设计要求且受压土层的平均固结度达到 80%以上时，方可认为完成预压。"也有资料显示：路堤修筑后，地基土体进入预压期，当地基平均固结度达到 80%~90%后再进行下一道工序，则绝大部分的沉降已发生而剩余沉降小。工地实测沉降资料历时 294 d，地基平均固结度平均值为 96.5%。实际上通过计算分析，截止到 252 d 的时候，各个测点的地基平均固结度已经超过 90%或者已经很接近 90%，从而已经完成地基处理的任务，可以进行下一步施工。可见，通过 70 d 的预压，经真空及真空-堆载联合预压法处理过的软土路基完全满足要求。

3. 根据沉降速率指标评价加固效果

沉降速率是单位时间沉降的变化，如 10 mm/月。当荷载施加于路基上，观察沉降量的变化，沉降量的变化都是渐变收敛的过程，这可以从现场监测试验结果中的沉降量分析看得出来。这意味着沉降速率的变化也是渐变收敛的过程。如果通过观察，发现在某级荷载作用之后，土体沉降速率变化得很小了，当然可以由此判定该级荷载下的土体固结过程基本完成，相应的土体强度肯定会增长。所谓的沉降速率法也就是用沉降速率来判断土体是否固结稳定，用沉降速率来指导施工的方法。当然也可以用沉降速率变化过程来推测未来的沉降量，这也是非常合理的。表 5-5 为本段路堤完成施工之后预压期内的沉降速率汇总。这是完全根据沉降量随时间的观测资料推断得出第一手资料。规律如下：各测点沉降速率都渐变收敛，至 252 d 时其沉降速率已经小于《高速铁路设计规范》（TB10621—2014）关于沉降速率的规定。最观测日期 $t=294$ d 时的沉降速率都在 0.1 mm/d 左右波动，当然可以推断该区域将基本不再发生沉降，可以进行路面的施工。沉降速率法与平均固结度法的基本原理一致，因此得出的结论也高度一致。

表 5-5　沉降速率一览表　　　　　　　　　　单位：mm/d

里程	时间			
	$t=192$ d	$t=222$ d	$t=252$ d	$t=294$ d
K0+280	0.8876	0.5309	0.3104	0.2086
K0+342	0.3106	0.28	0.2709	0.1114
K0+370	0.29	0.2743	0.2529	0.1243
K0+445	0.31	0.2814	0.1954	0.1116
K0+450	0.8543	0.568	0.3229	0.0929
K0+500	0.45	0.3347	0.105	0.0986
K0+535	0.5364	0.3348	0.2314	0.1791

5.2　试验工程观测成果分析

5.2.1　沉降观测成果分析

地基沉降观测数据是软土地基沉降分析基础。沉降变化规律是控制高速铁路软基加固施工进度和后续施工的重要指标，也是软基固结机理研究成果是否合理的最直接的检验标准，更是加固效果的真实反映。

1. 线路中线表层沉降随时间变化分析

本试验工程共有 7 个沉降观测断面，分别为：K0+280、K0+342、K0+370、K0+445、K0+450、K0+500、K0+535。

选择代表性观测断面（K0+342）线路中线上的沉降进行分析，如图 5-2 所示。

（1）从抽真空第 1 d 至第 57 d 开始正式填筑路堤，这一时间段属真空预压阶段。此阶段地基沉降与膜下真空度对应，由于开始抽真空后在 8 h 的时间内，膜下真空度就达到了设计值 80 kPa 的要求，最初 5 d，沉降速率很快，达到 4～6 cm/d，随后沉降速率逐渐变小。抽真空第 6 d 至第 10 d 和第 29 d 至第 36 d，这两个时间段，膜下真空度下降，沉降速率显著变小。在继续抽真空后，膜下真空度重新达到 80 kPa 左右，沉降速率又变大。在真空度上升期间，沉降速率与真空度的呈线形增长关系，这相当于地基荷载实验中的直线阶段。

正式开始路堤填筑前，即真空预压时间约两个月后，K0+342 和 K0+448 两断面沉降速率已分别减小到 3~5 mm/d 和 2~3 mm/d。这说明真空预压阶段软基土体的主固结变化速率是一个渐变收敛过程，与堆载预压软基土体变化规律一致。两断面正式填筑时总沉降分别达到 85.0 cm 和 42.9 cm（包括路基底部砂垫层及塑料排水板施工引起的少量沉降，6~8 cm）。从正式开始填筑后，沉降速率又变大，变化大小与填土速率密切相关。如抽真空第 98 d 至 104 d，填土速率较快时，其沉降速率大于 1.0 cm/d，抽真空第 162 d，基床表层以下路堤填筑已经完成，K0+342 和 K0+448 两断面沉降量分别已经达到 178.3 cm 和 91.8 cm。

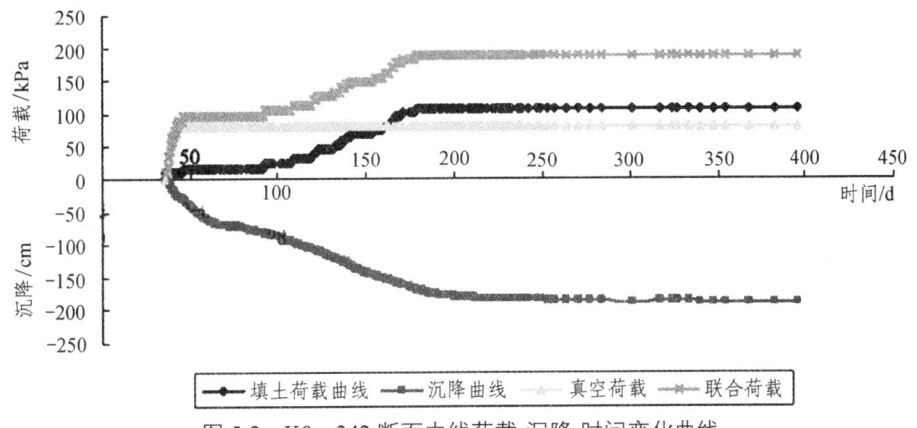

图 5-2　K0+342 断面中线荷载-沉降-时间变化曲线

（2）从图 5-2 可以清晰地看出：在预压期内产生的沉降量很小，沉降的发展变化比较缓慢。预压期内最大沉降量与最小沉降量之差约为 11 cm，而加荷期的沉降速率较快而且沉降量也较大。二者的对比可以说明本试验段软土地基固结发展较快，在加荷期内可以较快地完成大部分固结沉降。很多文献已经证明，软土地基下沉的曲线可以分为两种类型：深层型与浅层型，如图 5-3 所示。由实测资料可见：本试验段的观测断面均属于浅层型。也就是说，在进入预压期不久，下沉大体上就有结束的趋势。

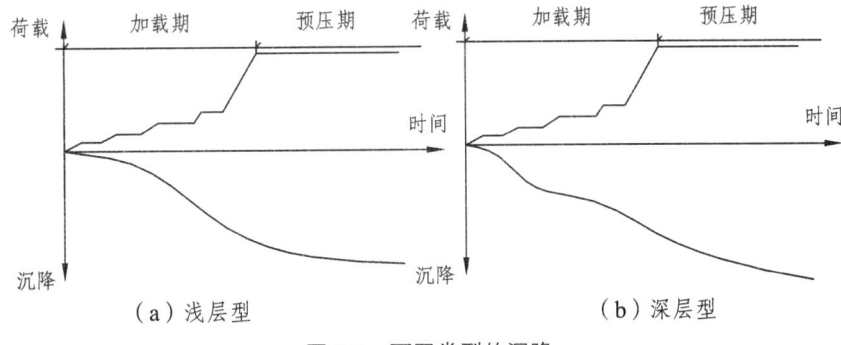

图 5-3　不同类型的沉降

（3）通过实测沉降-时间关系曲线推算得到本试验段各测点的最终沉降和用分层总和法计算的主固结沉降量，见表5-6。

表 5-6 沉降计算   沉降单位：mm

里程	沉降						
	实测沉降 S_t=294 d	总沉降量 $S_总$	固结沉降量 S_c	瞬时沉降量 S_d	剩余沉降量 S_r	沉降系数 m_s	$S_d/S_总$
K0+280	771.78	788.48	668.20	120.28	16.7	1.18	0.15
K0+343	1870.22	1889.17	1771.17	118	18.95	1.07	0.06
K0+370	1730.61	1746.45	1455.38	291.07	15.84	1.20	0.17
K0+445	954.78	971.15	890.96	80.19	16.37	1.09	0.08
K0+450	467.56	478.74	396.74	82	11.18	1.21	0.17
K0+500	912.87	941.90	819.04	122.86	29.03	1.15	0.13
K0+535	894.28	950.12	858.12	92	55.84	1.11	0.10

通过实测沉降—时间关系曲线推算得到本试验段各测点的沉降：各个断面在预压期 4 个半月左右时间后的剩余沉降量全部在 10 cm 以下，远远小于相关规定对工后沉降的要求值。瞬时沉降在总沉降中一般占有 12%的比例，最大占到 17%，最小占到 6%。从表 5-6 还可以看到沉降系数的变化范围在 1.07～1.21 之间，这个数值在这类软土工程中有借鉴作用。这里推荐这种类型软土的沉降系数采用 1.14（取平均值）。

2. 表层沉降沿路基横断面变化分析

图 5-4 是各个里程断面表层沉降沿路基横断面变化曲线。软土路基在条形荷载作用下发生沉降，按照布辛涅斯克解，应该是盆形曲线，就是中心沉降大，两侧沉降小，这在图中得到了充分的体现。

图 5-5 为 K0+342 断面表层沉降沿横断面方向随时间变化曲线。从图中我们可以知道，真空-堆载联合预压加固法地基面沉降沿路基横断面的分布比较均匀。从抽真空第 57 d 之后，为真空-堆载联合预压阶段（填土高度 5.39 m），沿路基横断面沉降基本上表现为整体下沉。

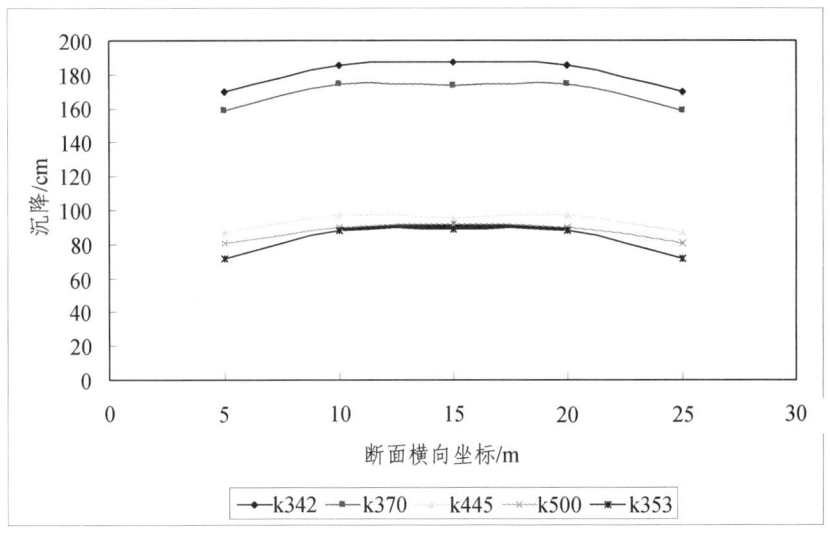

图 5-4　表层沉降沿路基横断面变化曲线

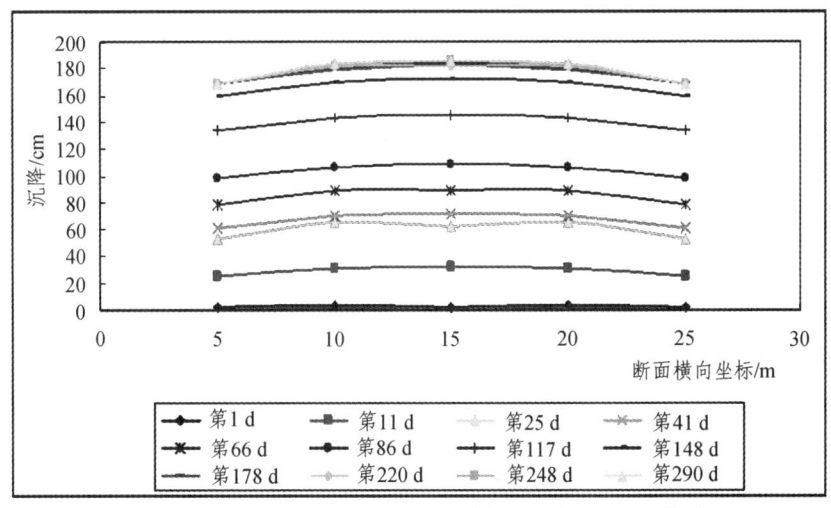

图 5-5　K0+342 断面表层沉降沿横断面随时间变化曲线

图 5-6 为 K0+342 断面路基中心点处与距路基中心 5 m、10 m 处的差异沉降随时间变化的曲线。随着荷载的增加，路基中心与坡脚的差异沉降才越来越明显。在加载的初期，路基横向差异并不明显，这与所加真空荷载比较小以及软土硬壳层的应力分散影响有关，随着填土开始，荷载的加大，横向差异沉降逐渐拉大。对比距路基中心 5 m 处与路基中心处的差异沉降和距路基中心 10 m 处与路基中心处差异沉降的曲线，可以发现前者比后者小，由此推得，距路基中线越远的位置，其与路基中心处的差异沉降越大；反之，则越小。还可以从

图中知道曲线随时间趋于平缓，也就是差异沉降的发展速度越来越慢，最终时间曲线基本趋于水平线，这是由于软土路基逐渐固结稳定了。

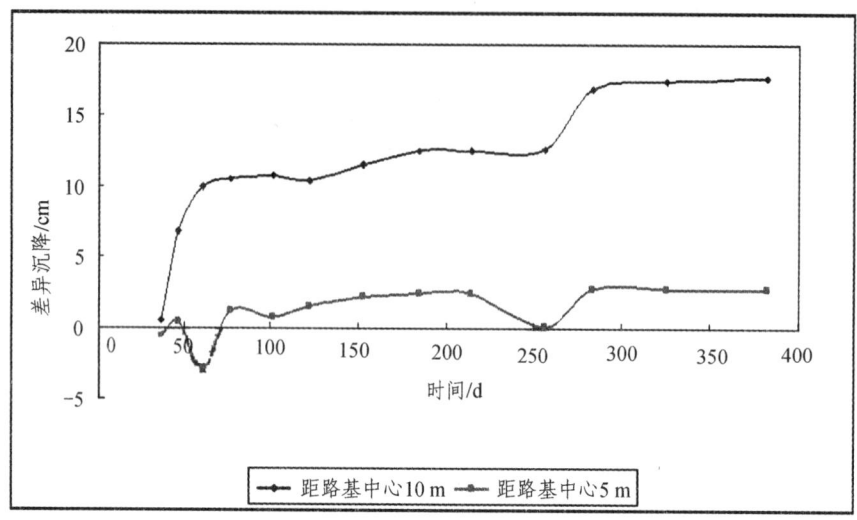

图 5-6　K342 断面差异沉降随时间变化曲线

3. 表层沉降沿路基纵端面的变化分析

图 5-7 为 K0+342、K0+370、K0+445 断面中线处表层沉降沿路基纵断面随时间变化曲线。

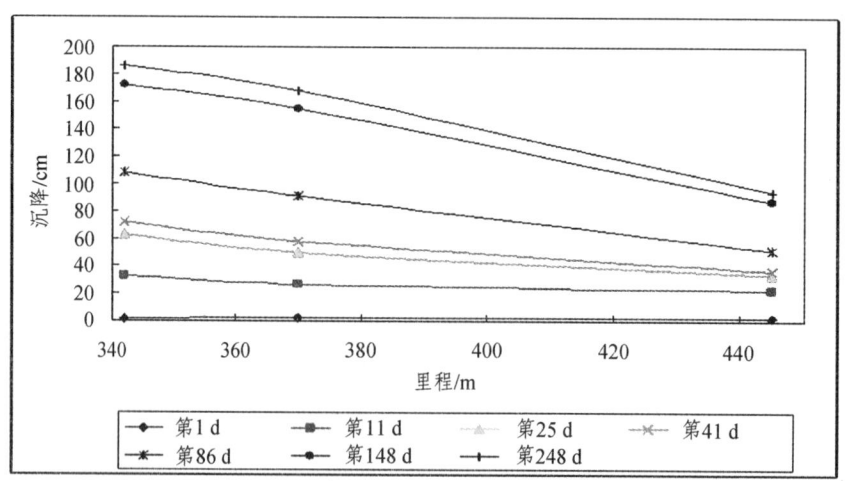

图 5-7　断面中线处表层沉降沿路基纵断面随时间变化曲线

在加载初期，沉降差异并不大。随着荷载的增大和时间的推移，软土地基逐渐固结，各里程观测断面的沉降逐渐增大，沉降差异也越来越明显。产生这种现象的原因是，路基纵断面内地层构造有较大差异性，在路基各里程纵断面中分布有物理力学性质差别较大的土层。这使得软基纵断面内土的压缩性差别非常大。差异沉降的预测可以弥补工程地质勘测资料不足的缺陷，并为施工质量、超填计量等提供必要的技术支撑。

4. 分层沉降、时间、荷载的变化分析

图 5-8 为 K0+342 断面中线处分层沉降-荷载-时间变化曲线。

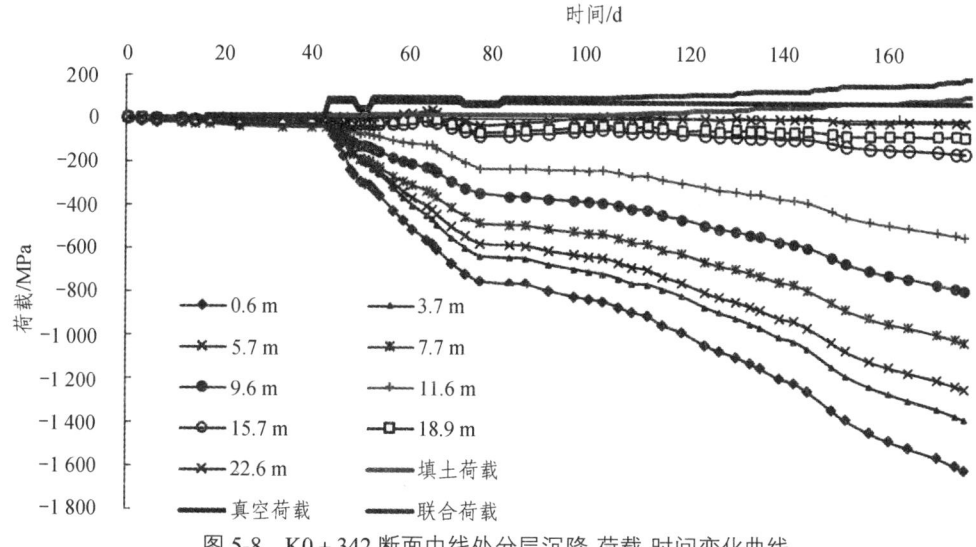

图 5-8　K0+342 断面中线处分层沉降-荷载-时间变化曲线

由图 5-8 可知，沉降随深度的变化逐渐减小，不同深度沉降随时间和荷载的增加都是增加的，只是增加得越来越少，增加的速率越来越慢。当深度达到 18 m 时，沉降几乎无变化，这个深度值为沉降计算中压缩底层的确定提供了现实依据。

5.2.2　侧向位移分析

本试验工程共有 3 个侧向位移观测断面：K0+342，K0+448，K0+535，选择有代表性的测点 K0+342 断面进行分析说明。

图 5-9 为侧向位移-深度-时间变化曲线，可知：

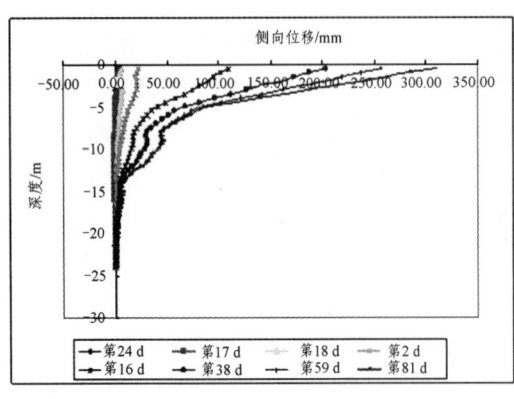 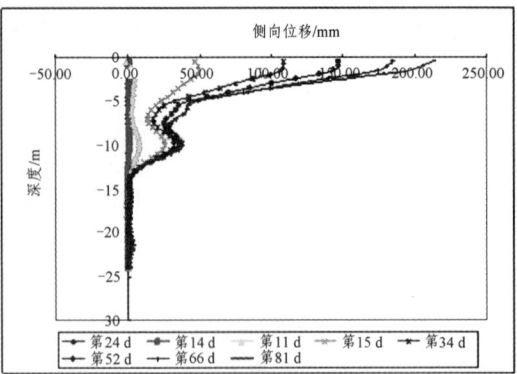

图 5-9　K0+342 侧向位移-深度-时间变化曲线

（1）真空预压使路基土体发生三向等压固结，使地基土体产生向内收缩变形，最大水平位移发生于地表处。本试验段软土层下的土层主要为呈硬塑的（3）-3 黏土层或（4）-1 粉砂层，其水平位移很小，侧向位移主要集中在软土层。侧向位移沿深度的分布规律与沉降沿深度的分布规律一致。至抽真空第 112 d，表层位移达到 220～320 mm。真空预压虽然能使地基土体产生向内的收缩变形，从而避免土体发生剪切破坏，对路堤的稳定有利，但是过大的地表水平位移会对周围环境造成较大影响。

（2）在真空预压阶段、填土高度达到 1.25 m 之前，地基土体均发生朝向路基的水平变形，这说明堆载初期，真空预压的影响要大于填土堆载。随着填土高度的增加，虽然靠近地表的地基土体侧向位移继续朝向路基内侧发展，但一定深度（4～5 m）以下的地基土体水平位移逐渐向路基外侧发展，这说明堆载的影响开始占据主导地位。

（3）最大的侧向位移发生在地表处，为 220～320 mm。在路堤的预压期间，软土体的侧向位移很小。这是因为这种软土地基在加载期间固结得较快，相应的侧向位移很快趋于稳定；另一方面，这也说明在堆载占据主导地位之后，若控制好加载速率，固结沉降在侧向产生的位移量不大。

（4）在 16 m 深度以下，土体中没有明显的侧向位移，这说明 16 m 深度以下的土层物理性质基本一致；深度超过 16 m，真空、堆载预压荷载的影响几乎没有了，真空-堆载联合预压影响的临界深度为 16 m。

（5）比较上面两个分图，线路前进方向左、右两侧侧向位移图形有差异，在 7 m 深度处差异非常大。这是因为地基左、右两侧软土层厚度不同造成的，软土层越厚，侧向位移越大，反之则越小。

5.2.3 表层竖向沉降与表层侧向位移联合分析

在软基加固过程中，软基土体不仅产生竖向沉降，同时产生侧向位移，这2种变形是同步发生的。侧向位移包含因填土荷载发生的剪切体积变形和因地基土体固结发生的侧向位移。图 5-10 为 K0+342 断面表层侧向位移与沉降联合分析曲线。

在加载的过程中，竖向沉降与侧向位移同步增加。在加载初期，竖向沉降的增长明显比侧向位移的增长要快。在地质勘查中，地面有一层约 2 m 厚的硬壳层，这是引起此种现象的根本原因。在加载初期真空荷载相对较小，软土地基硬壳层对施加的荷载有应力扩散作用，这减小了荷载的影响，阻碍了软土地基侧向变形的发展。随着所在荷载逐渐增大，硬壳层对荷载的影响不断降低，侧向位移的增长速率逐渐增加，但其增长速率小于竖向沉降增长速度。在加载 25 d 的时候，侧向位移有明显的增大。

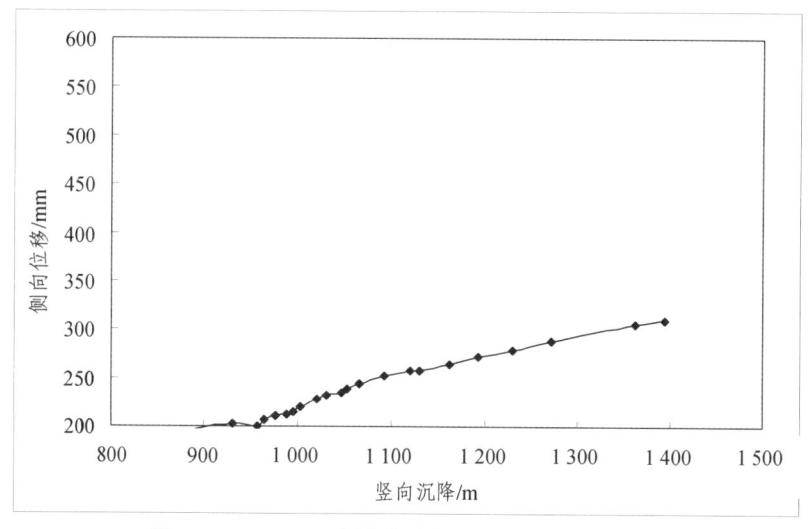

图 5-10　K0+342 侧向位移与沉降联合分析曲线图

5.2.4 真空度变化分析

1. 真空度随时间的变化规律

现场软基土体真空度监测是真空排水预压法工程监测的关键内容之一，能为工程设计以及理论研究提供直观的资料。现有真空度测试技术存在不少问题，对地下水位以上土体真空度测点，真空表读数实际反映的是该处的超孔隙水压力，而对地下水位以下土体的真空度测点，真空表读数反映的并不是该处的超孔隙压力。即使如此，现场量测真空度结果仍能定性地说明一些问题，比如真空预压的影响深度。

塑料排水板中、地基土中真空度随膜下真空度、时间的变化曲线如图 5-11 所示。从图中可知，抽真空后塑料排水板中真空度上升很快，时间滞后现象不明显，其规律与膜下真空度一致。而地基土中真空度在保持膜下真空度达到 80 kPa 后，随时间呈缓慢增加的趋势。这是真空度在竖向排水通道中的传递通畅而在地基土中不通畅造成的。

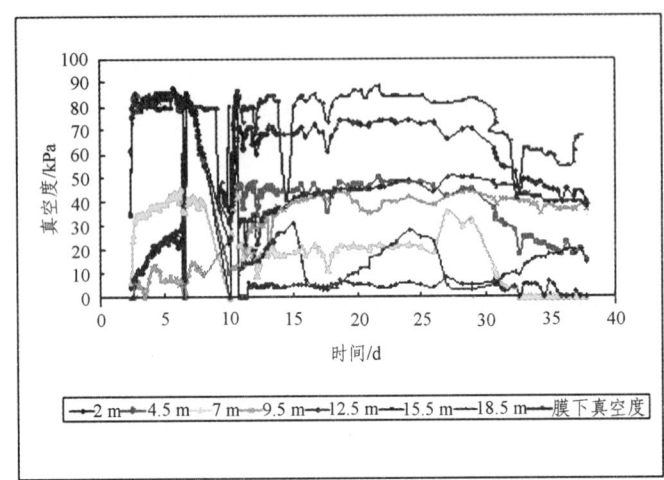

塑料排水板中真空度随时间变化曲线

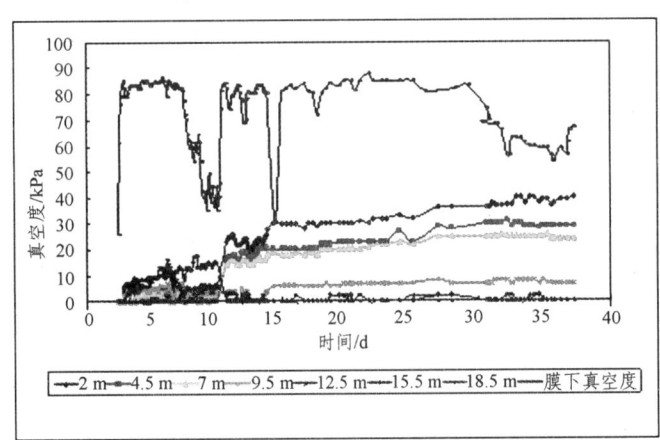

地基土中真空度随时间变化曲线

图 5-11　K0+342 断面各处真空度随时间的变化曲线

2. 真空度随深度的变化规律

抽真空后，塑料排水板、地基土中真空度沿深度随时间变化曲线如图 5-12 所示。

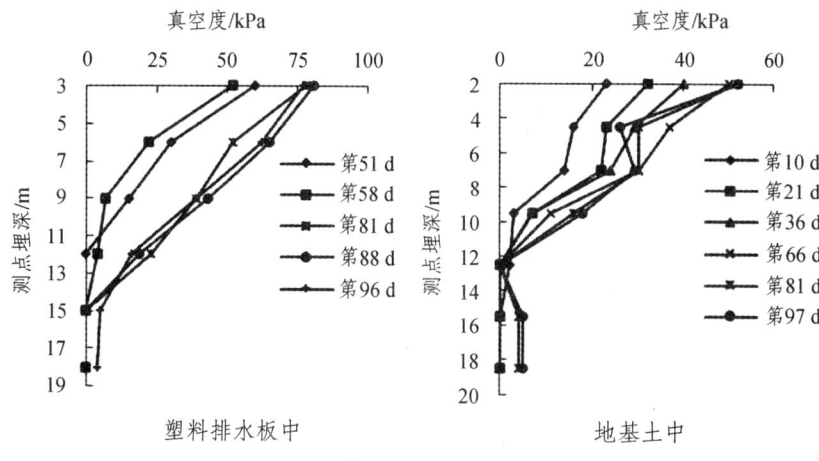

图 5-12 K0+342 断面真空度沿深度随时间变化曲线

从图可知，抽真空时，真空度在塑料排水板中沿深度衰减，15 m 深度内衰减较快，而影响深度可达塑料排水板底部，18 m 深度处真空度仅 5~10 kPa。在地基土体中真空度随深度的衰减速率低于塑料排水板，真空预压的加固深度至少可以达到塑料排水板的深度，即 17 m 的深度。

5.2.5 孔隙水压力分析

选取有代表性的测点进行分析说明。图 5-13 为 K0+342 断面不同深度处的孔隙水压力随时间变化曲线。孔隙水压力随膜下真空度的变化十分明显。抽真空初期，孔隙水压力下降非常快，抽真空仅 5 d，K0+342 断面孔隙水压力下降 17~40 kPa，从其他图也可知 K0+448 断面内孔隙水压力下降 17~64 kPa。之后，孔隙水压力下降速率减小。第 29 d 至第 36 d 膜下真空度下降期间，孔隙水压力均有不同程度的上升。当膜下真空度重新达到 80 kPa 后，孔隙水压力又下降。至抽真空第 56 d 正式填筑前，K0+342 断面 16 m 深度内，孔隙水压力已下降 35~78 kPa。K0+448 断面 18 m 深度内孔隙水压力下降 40~73 kPa。正式填筑后，各测点孔隙水压力又上升，但上升幅度不大，K0+342 和 K0+448 断面分别最大上升 23 kPa 和 31 kPa，出现在 6~10 m 深度范围的软土层中。由以上现象可以知道，孔隙水压随真空度的波动而波动。要是真空度降低，负的孔隙水压力则回升，必然影响到土体的固结和强度增长。这也间接反映出，保持真空度稳定在一定数值，是真空—堆载联合预压法加固成功的必要条件。

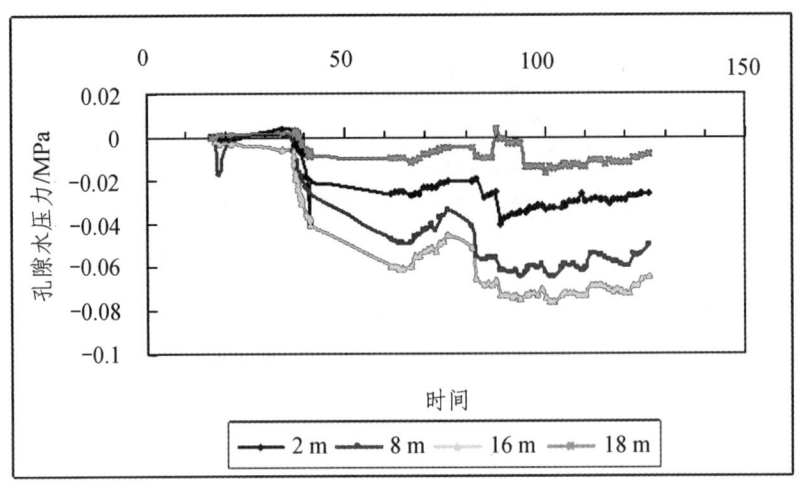

图 5-13 K0＋342 断面孔隙水压力随时间变化曲线

5.2.6 地下水位及出水量的分析

图 5-14 为地下水位随时间变化曲线，图 5-15 为不同距离处地下水位下降随时间变化曲线。抽真空后，各测点水位均有不同程度的下降。随时间的增长、出水量的减小，各测点水位线又有回升的趋势。靠路基坡脚处水位下降值最大，约 1.5 m，但抽真空影响范围可达到约 20 m。

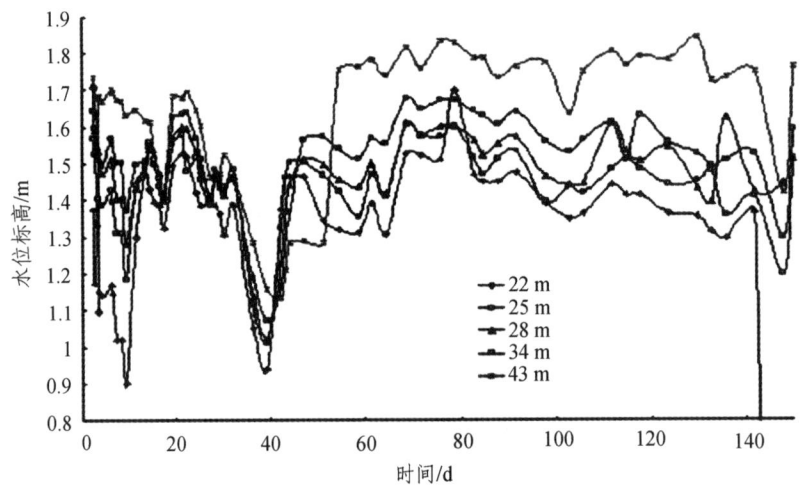

图 5-14 地下水位随时间变化曲线

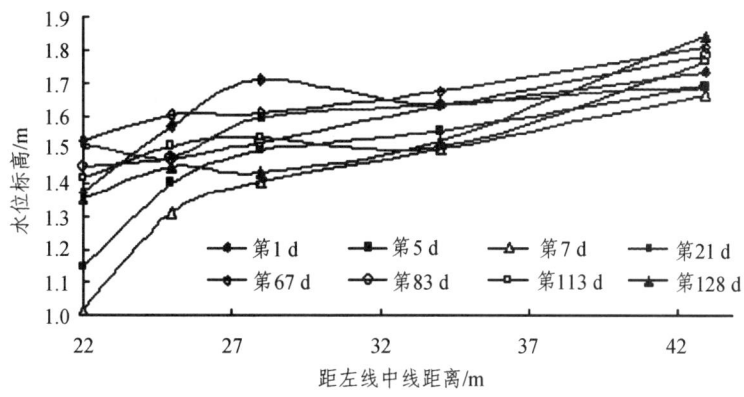

图 5-15 不同距离处地下水水位下降随时间变化曲线

真空预压试验段加固面积约 7 000 m², 平时只需 3 台 7.5 kW 真空泵就能维持膜下真空度 80 kPa 的要求。图 5-16 为出水量随时间变化曲线。

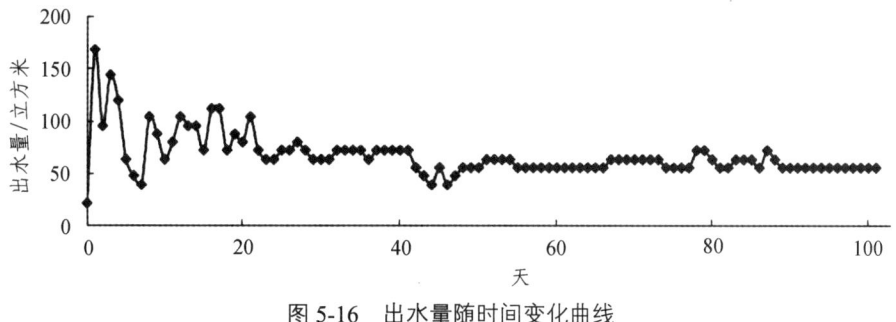

图 5-16 出水量随时间变化曲线

抽真空初期 1 个月,每天抽水时间 9~18 h,出水量 72~168 m³/d。随时间的增长,将每天抽水时间减少至 7~8 h,出水量减至每天 56~64 m³。

5.2.7 真空预压对周围环境的影响

图 5-17 为距离坡脚处不同距离的竖向位移随时间变化曲线,图 5-18 为水平位移沿深度随时间变化曲线。K0+342 断面竖直向位移从距离路基坡脚 2 m 处的 32.3 cm 减小到距离路基坡脚 12 m 处的 2.2 cm,水平位移相应由 30 cm 减小到 3.8 cm。随着背离坡脚距离的增大,影响逐渐减小。

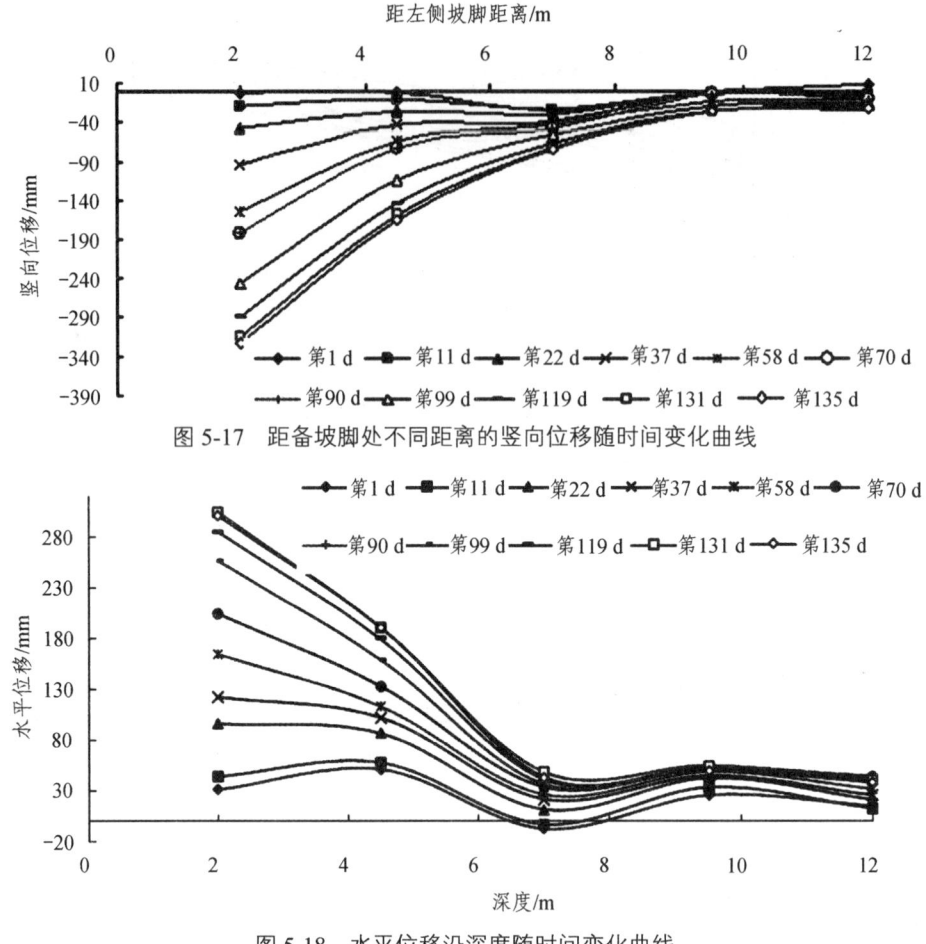

图 5-17 距备坡脚处不同距离的竖向位移随时间变化曲线

图 5-18 水平位移沿深度随时间变化曲线

5.3 本章小结

（1）本章简单介绍了地基沉降和固结度的计算方法，并进行了一些探讨。

（2）从真空-堆载联合预压法处理软基实验段沉降现场实测数据资料入手，利用指数曲线配合法、双曲线法和 Asaoka 法对各测试断面实测沉降-时间关系曲线进行整理与计算分析，推算出符合工程实际的最终沉降量、固结沉降量、剩余沉降量，以及地基平均固结度的计算参数 β。选用考虑竖向和内径向排水的 α 值并利用实际推算的 β 值，运用改进的太沙基公式和改进的高木俊介法计算出施工中各个时间点的固结度。计算表明：从抽真空那一天算起，到 294 d 的时候，处理段的地基平均固结度达到了 96.5%。

（3）通过 3 个评价指标：工后沉降量、地基平均固结度以及沉降速率，对本实验段处理软土地基设计方案的合理性、有效性进行了强有力的论证。经过 132 d 的预压期，通过计算分析，3 项指标已经达到规定标准，建议提前一个半月进行下一步工序，这对缩短工期起到了重要的作用。

（4）根据对实测沉降数据的整理分析，提出了本试验段软土地基的沉降系数 m_s 约为 1.14，瞬时沉降约占总沉降的 12%，同时提出了固结度参数 β 的参考值。这为今后在软土地基上修筑高速铁路积累了经验，具有较大的参考价值。

（5）通过现场观测数据的整理分析，在路基加载期间沉降发展很快，进入预压期后沉降很快趋于稳定。

（6）对表层竖向沉降和表层侧向位移进行了联合分析，分析了软土硬壳层在施工过程中的作用。

（7）通过真空度随时间变化曲线的整理，可以知道竖向排水通道中的真空度随时间滞后现象不明显，而地基土中的真空度随时间滞后现象明显，随时间呈缓慢增加趋势。

（8）从孔隙水压力随荷载、时间的变化曲线可以知道：在抽真空初期孔隙水压下降明显，随后下降速率明显减小。

（9）对地下水位、出水量及对环境的影响进行了观察。

第 6 章
真空及真空-堆载联合预压计算方法研究

6.1 真空-堆载联合预压分级堆载沉降计算

太沙基一维固结方程的解答为

$$u = 2p \sum_{m=0}^{\infty} \frac{1}{M} \sin\left(\frac{Mz}{H}\right) \exp(-M^2 T_V) \tag{6-1}$$

式中 $M = \frac{1}{2}\pi(2m+1)$，m——正整数 0、1、2……；

$T_V = \frac{c_V t}{H^2}$，p—— 一次性瞬时荷载。

双面排水，土层厚度为 $2H$ 的情况下，建立固结度计算方程，最终沉降为 $S = 2m_V pH$。任意时间的沉降为

$$S_t = 2m_V(p - u_m)H \tag{6-2}$$

式中，u_m——全厚度的平均超静水压力；

m_V——体积系数。

$$U = \frac{S_t}{S} = \frac{2m_V(p - u_m)H}{2m_V pH} = 1 - \frac{u_m}{p} = 1 - \int_0^{2H} u \, dz \tag{6-3}$$

式中，U ——固结度；

S ——最终沉降量。

上（6-3）式中将 m_v 看成相等的，所以可以消去。把（6-1）式代入（6-3）式，积分就得到

$$U = 1 - 2\sum_{m=1}^{\infty}\frac{1}{M^2}\exp(-M^2 T_v) \tag{6-4}$$

那么，

$$S_t = S \cdot U = 2m_v pH\left[1 - 2\sum_{m=1}^{\infty}\frac{1}{M^2}\exp(-M^2 T_v)\right] \tag{6-5}$$

式（6-5）级数收敛快，可简化为前面几项，一般取最前一项，即 $m=0$ 那项。

那么，

$$S_t = S \cdot U = 2m_v pH\left[1 - \frac{8}{\pi^2}\exp\left(-\frac{\pi^2}{4}T_v\right)\right] \tag{6-6}$$

将时间因素还原，可以得到

$$S_t = S \cdot U = 2m_v pH\left[1 - \frac{8}{\pi^2}\exp\left(-\frac{\pi^2 c_v t}{4H^2}\right)\right] \tag{6-7}$$

实际上，载荷是分级实施的，真空作用在真空阶段被离散，堆载作用按实际填土情况施加。真空作用离散后的强度以及堆载作用实际施加的强度假设为瞬间，这是合理的，因为真空强度本就是一次施加的，而每级堆载作用施加时间也非常短。应用叠加原理，得到单级荷载下的沉降公式

$$S_t = \int_0^t 2m_v H\left[1 - \frac{8}{\pi^2}\exp\left(-\frac{\pi^2 c_v(t-\zeta)}{4H^2}\right)\right]\frac{dp}{d\zeta}d\zeta \tag{6-8}$$

式中 ζ ——时间。

假设加荷载经历的时间为 ζ_0，那么，任意时刻的沉降为

当 $0 \leqslant t < \zeta_0$ 时，

$$\begin{aligned}
S_t &= \int_0^t 2m_V H\left[1 - \frac{8}{\pi^2}\exp\left(-\frac{\pi^2 c_V(t-\zeta_0)}{4H^2}\right)\right]\frac{dp}{d\zeta_0}d\zeta_0 \\
&= 2m_V H\int_0^t \frac{p}{\zeta_0}d\zeta_0 - 2m_V H\int_0^t \frac{8}{\pi^2}\exp\left(-\frac{\pi^2 c_V(t-\zeta_0)}{4H^2}\right)\cdot\frac{p}{\zeta_0}d\zeta_0 \\
&= 2m_V H\cdot\frac{p}{\zeta_0}[\zeta_0]_0^t + 2m_V H\cdot\frac{8}{\pi^2}\cdot\frac{p}{\zeta_0}\cdot\frac{4H^2}{\pi^2 c_V}\left[\exp\left(-\frac{\pi^2 c_V(t-\zeta_0)}{4H^2}\right)\right]_0^t \\
&= 2m_V H\cdot p\left[\frac{t}{\zeta_0} + \frac{1}{\zeta_0}\cdot\frac{32H^2}{\pi^4 c_V}\left(1-\exp\left(-\frac{\pi^2 c_V t}{4H^2}\right)\right)\right]
\end{aligned} \quad (6-9)$$

当 $t > \zeta_0$ 时，

$$\begin{aligned}
S_t &= \int_0^{\zeta_0} 2m_V H\left[1 - \frac{8}{\pi^2}\exp\left(-\frac{\pi^2 c_V(t-\zeta_0)}{4H^2}\right)\right]\frac{dp}{d\zeta_0}d\zeta_0 \\
&\quad + \int_{\zeta_0}^t 2m_V H\left[1 - \frac{8}{\pi^2}\exp\left(-\frac{\pi^2 c_V(t-\zeta_0)}{4H^2}\right)\right]\frac{dp}{d\zeta_0}s\zeta_0 \\
&= 2m_V Hp\left\{1 + \frac{32H^2}{\pi^4 c_V \zeta_0}\exp\left(-\frac{\pi^2 c_V t}{4H^2}\right)\left[\exp\left(\frac{\pi^2 c_V \zeta_0}{4H^2}\right) - 1\right]\right\}
\end{aligned} \quad (6-10)$$

将 m_V、c_V、H 视为常量，为将公式从单级推广到多级，这里用到了叠加原理。

$$S_t = \sum_{i=1}^n 2m_V H\Delta p_i\left\{1 + \frac{32H^2}{\pi^4 c_V \zeta_{0i}}\exp\left(-\frac{\pi^2 c_V t}{4H^2}\right)\left[\exp\left(\frac{\pi^2 c_V \zeta_{0i}}{4H^2}\right) - 1\right]\right\} \quad (6-11)$$

式中，Δp_i ——第 i 级荷载增量；

ζ_{0i} ——第 i 级荷载加载经历的时间；

t ——任一点时间。

讨论：公式推导进行了简化而且是在一维情况下的。一维情况是不考虑土体侧向变形的。在第 2 章中现场监测试验结果分析当中，也论证过：因为侧向位移相对竖向位移非常小，所以若只考虑竖向情况进行计算，必然简化和实用很多。其实这也是太沙基理论一直广泛应用于工程界的原因。最终为了实现计算结果的更合理化，焦点便落在了修正参数上了。其实分层总和法就是采用的这样的思路。这样的方法理论上肯定是不严密的，但是实用。当抽真空作用的强度等于堆载作用的强度时，前者土体的沉降小于后者土体的沉降，但前者土体的密实程度却大于后者土体的密实程度。单纯真空作用的经验系数为 0.6~0.9；

在真空-堆载联合预压工法中以真空预压法为主时，取上限，即 0.9。实际上本段软基加固，前期约 60 d 为真空阶段，后期为真空-堆载联合阶段，既可以分开研究，也可以合并研究。路堤填土高 5~6 m，若所填土体容重按 20 kN/m³ 计算，堆载作用强度为 100~120 kPa，真空作用强度为 80 kPa，堆载强度还是比较大的，两种加载方式的作用差不多。下面应用所推导的公式研究这个参数。

真空阶段，抽真空后 8 h 就使膜下真空度达到了 80 kPa，而预压期约为 60 d，基本可以看成真空作用是瞬时加上去的。所以将真空作用在真空预压实施的整个阶段离散化。以 K0+342 断面为例，用上述公式进行计算。天然土层多，计算参数繁杂，为求简单，以相对厚度的加权平均值代，分层总和法的底层则为计算深度。$m_V = 0.000\,22$ m²/kN，$H = 14$ m，$c_V = 0.002$ cm²/s，真空作用强度 80 kPa，堆载作用每一级荷载为 8 kPa。计算结果如图 6-1 所示。

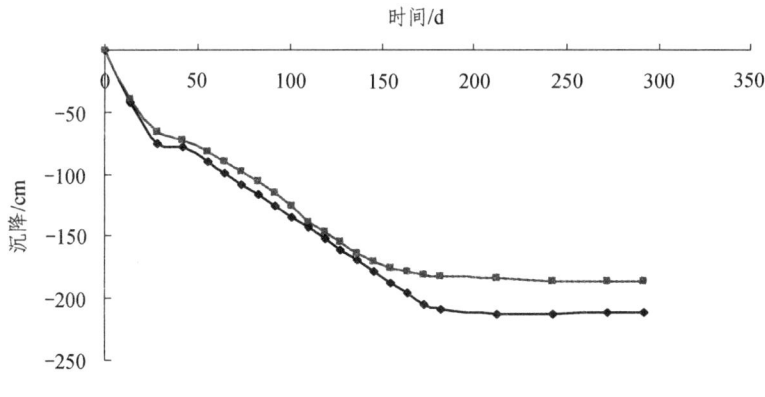

图 6-1　公式计算与实测计算沉降比较值

表 6-1　实测沉降与公式计算的沉降的比值

时间/d	14	28	42	56	65	74	83	92	101	110	119
比值	0.91	0.88	0.93	0.91	0.90	0.90	0.91	0.91	0.93	0.97	0.97
时间/d	128	137	146	155	164	173	182	212	242	272	292
比值	0.96	0.96	0.95	0.94	0.91	0.88	0.88	0.86	0.88	0.88	0.88

在对各测点进行计算后，对比实际测量沉降发现：它们的比值波动于一定范围。统计后为 0.85~0.98。若将所导公式与此统计数值相乘，应该结果更接近合理化。

$$S_t = \omega \sum_{i=1}^{n} 2m_v Hp \left\{ 1 + \frac{32H^2}{\pi^4 c_v \zeta_{0i}} \exp\left(-\frac{\pi^2 c_v t}{4H^2}\right) \left[\exp\left(\frac{\pi^2 c_v \zeta_{0i}}{4H^2}\right) - 1\right] \right\} \quad (6-12)$$

式中 $\omega = 0.85 \sim 0.98$，均值为 0.915。此参数考虑了瞬间沉降、侧向变形影响，也兼顾了真空作用和堆载作用。

6.2 考虑加载时序的真空-堆载联合预压地基解析近似计算方法

学术界普遍认为，通过合理界定加固区域的边界和初始条件，可理论演绎固结排水工法下地基孔压、变形等变化规律的力学响应。Indrarantna 等[87]、Tran 等[88]假定砂井下端水力坡度恒定，且真空度从上至下按线性方式折减，推导了真空-堆载联合预压砂井地基土体的 Hansbo 固结解，认为固结方程是抛物线形偏微分方程，边界条件决定了孔压的变化规律。

经典砂井固结理论与工程实际差距颇大，主要体现在砂井地基上端和下端透水边界的界定问题上。工程上砂井地基上端砂垫层不是完全透水的，下端下卧层也不是完全不透水的，这与理论假定有差距。为此，谢康和[89]、李西斌等[90]、刘加才[91]研究了堆载预压工法下地基固结特性，认为将砂井地基上、下端假定为半透水边界更为合适，但真空预压工法下的地基固结却鲜有文献涉及。为此，本书拟将真空堆载联合作用下的砂井地基的上、下端边界修改为更符合实际的半透水条件，运用经典理论进行推导，展现孔压变化规律，进而构建地基固结度及沉降计算方法。

此外，大多数文献[92-99]在研究中假定真空荷载和堆载同时瞬时施加，或将堆载考虑为一次性瞬时加载及线性加载，这与工程实际差距较大。实际施工中真空荷载与堆载不是一次性加载，堆载也是间断性分级施加的[100]，这必将导致理论计算结果与实际结果相差过大。为此，本书将考虑真空荷载与堆载的实际加载时序，对真空-堆载联合预压工法下地基固结方程、解析解及计算结果进行分析。

6.2.1 等应变条件下的固结解

1. 方程的建立

单砂井地基计算简图如图 6-2 所示。图 6-2 中，H 为软土层层厚（m）；d_w、r_w 分别为砂井直径和半径（m）；d_s、r_s 分别为涂抹区直径和半径（m）；d_e、r_e 分别为砂井影响区直径和半径（m）；γ_w 为水的容重（N/m³）；r、z 分别为径向和竖直向坐标；t 为时间（s）。砂井、涂抹区、土体中的渗透系数分别为 k_w、k_s、k_h，因只考虑径向固结，故只考虑水平向渗透系数 k_h。真空荷载作用在砂垫层顶部，值为 $-u_0$，相当于膜下真空度，理论上最大能达到 1 个大气压。若有堆载 p_0 则假定为分级瞬时施加，在地基中的附加应力分布对应为分级的 $p_0(z)$。

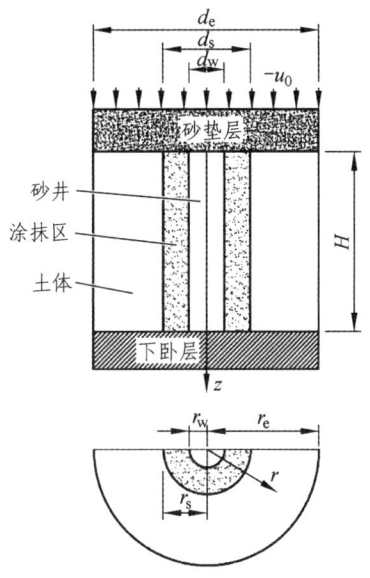

图 6-2 单砂井地基固结计算图示

基本假定为：达西定律适用；太沙基有效应力原理适用，压缩模量 E_s 在整个土体固结过程中恒定；径向和竖向渗流可分别单独考虑，考虑竖向渗流时用太沙基一维固结理论，考虑径向渗流时竖向渗透系数为 0，径向竖向组合渗流可参照文献[101]；等应变条件成立[102]，即地基只有竖向变形而无侧向变形，同一水平平面上的竖直向变形均一致；不考虑砂井内孔压的径向变化，砂井中任一深度处竖直向水流增量等于土体渗入砂井中水的增量。

基于上述假定，本书只需考虑径向渗流，设 ε_v 为体应变（与竖直向应变相等），u 为土体孔压（Pa），可构建土体固结方程为[103-105]：

$$\frac{\partial \varepsilon_v}{\partial t} = -\frac{1}{E_s}\frac{\partial \overline{u}}{\partial t} \tag{6-13}$$

$$\begin{cases} -\dfrac{1}{r}\dfrac{\partial}{\partial r}\left(\dfrac{k_s}{\gamma_w}r\dfrac{\partial u}{\partial r}\right)=\dfrac{\partial \varepsilon_v}{\partial t}, r_w \leqslant r \leqslant r_s \\ -\dfrac{1}{r}\dfrac{\partial}{\partial r}\left(\dfrac{k_h}{\gamma_w}r\dfrac{\partial u}{\partial r}\right)=\dfrac{\partial \varepsilon_v}{\partial t}, r_s \leqslant r \leqslant r_e \end{cases} \qquad (6\text{-}14)$$

式中　$\bar{u}$ 为土体径向平均孔压（Pa），计算公式为

$$\bar{u}=\dfrac{1}{\pi\left(r_e^2-r_w^2\right)}\int_{r_w}^{r_e}2\pi ru\,\mathrm{d}r \qquad (6\text{-}15)$$

若砂井孔压为 u_w（Pa），单位水力坡度的砂井流量为 q_w（m³/s），则 $q_w=A_w k_w$，其中，A_w 为砂井截面积（m²）。根据前述假定，可得砂井渗流连续方程为

$$\dfrac{\partial^2 u_w}{\partial z^2}=-\dfrac{2\pi r_w k_s}{q_w}\dfrac{\partial u}{\partial r}\bigg|_{r=r_w} \qquad (6\text{-}16)$$

2. 边界条件和初始条件

根据工程实际，提出以下边界初始条件。

$$\dfrac{\partial u}{\partial r}\bigg|_{r=r_e}=0 \qquad (6\text{-}17)$$

砂井上端半透水条件，

在真空预压阶段：

$$\dfrac{\partial u_w}{\partial z}\bigg|_{z=0}=\dfrac{R_{wu}}{H}(u_w+u_0) \qquad (6\text{-}18)$$

在真空-堆载联合预压阶段：

$$\dfrac{\partial u_w}{\partial z}\bigg|_{z=0}=\dfrac{R_{wu}}{H}(u_w+u_0+p_0) \qquad (6\text{-}19)$$

砂井下端半透水条件，

在真空预压阶段：

$$\dfrac{\partial u_w}{\partial z}\bigg|_{z=H}=-\dfrac{R_{wl}}{H}u_w \qquad (6\text{-}20)$$

在真空-堆载联合预压阶段：

$$\dfrac{\partial u_w}{\partial z}\bigg|_{z=H}=-\dfrac{R_{wl}}{H}(u_w+u_{tl}) \qquad (6\text{-}21)$$

式中：R_{wu}、R_{wl}——砂井上、下边界透水系数；

$R_{wu} = \dfrac{k_u H}{k_w L_u}$，$R_{wl} = \dfrac{k_l H}{k_w L_l}$，其中，$k_u$、$k_l$ 为砂垫层、下卧层渗透系数（m/s），L_u、L_l 为砂垫层、下卧层渗径（m）。当 R_{wu}、R_{wl} 为无穷大时，边界变为完全透水边界；当 R_{wu}、R_{wl} 为 0 时，边界为不透水边界。u_{tl} 为真空预压一段时间后开始准备堆载时的土层底部孔压；若在后续的真空联合堆载预压阶段采用分级堆载，u_{tl} 则为后一级堆载开始准备施加时土层的底部孔压。

真空联合堆载预压阶段的每一级堆载假设为瞬时施加，可据太沙基有效应力原理得，土中各点孔压增量应为各点附加应力值 $p_0(z)$。

$$u\big|_{t=0} = p_0(z) + u_{tt} \tag{6-22}$$

式中：$p_0(z)$——单纯真空预压阶段砂垫层在土中造成的附加应力，或为在真空联合堆载预压阶段的各分级堆载在土层中产生的附加应力（Pa）；

u_{tt}——单纯真空预压结束而准备堆载前土体中的孔压（Pa）。

3. 方程的求解

采用分离变量法对式（6-14）从 r_w 至 r 积分得

$$\dfrac{\partial u}{\partial r} = \begin{cases} \dfrac{\gamma_w}{2k_s} \dfrac{r_e^2 - r^2}{r} \dfrac{\partial \varepsilon_v}{\partial t}, & r_w \leq r \leq r_s; \\ \dfrac{\gamma_w}{2k_h} \dfrac{r_e^2 - r^2}{r} \dfrac{\partial \varepsilon_v}{\partial t}, & r_s \leq r \leq r_e. \end{cases} \tag{6-23}$$

将 $r = r_w$ 代入上式后再代入（6-16）式，则得到砂井渗流连续方程为

$$\dfrac{\partial^2 u_w}{\partial z^2} = -\dfrac{\pi(r_e^2 - r_w^2)\gamma_w}{q_w} \dfrac{\partial \varepsilon_v}{\partial t} \tag{6-24}$$

式（6-24）通解为

$$u_w = a + bz - \dfrac{\pi(r_e^2 - r_w^2)\gamma_w}{q_w} \dfrac{\partial \varepsilon_v}{\partial t} \dfrac{z^2}{2} \tag{6-25}$$

（1）单纯真空预压阶段固结度。

在单纯真空预压阶段，将（6-25）式对 z 求偏导，利用（6-18）、（6-20）式，并继续利用（6-25）式代入，联立求解，结合 $q_w = A_w k_w = \pi r_w^2 k_w$，得砂井孔压表达式为

$$u_{w} = \frac{(r_{e}^{2} - r_{w}^{2})\gamma_{w}}{r_{w}^{2}k_{w}} \frac{\partial \varepsilon_{v}}{\partial t} \left(\frac{C}{R_{wu}} H^{2} + CHz - \frac{z^{2}}{2} \right) + u_{0} \left(\frac{E}{H} z - D \right) \qquad (6\text{-}26)$$

其中，$C = \dfrac{R_{wu}(2+R_{wl})}{2[R_{wu}(1+R_{wl})+R_{wl}]}$，$D = \dfrac{R_{wu}(1+R_{wl})}{R_{wu}(1+R_{wl})+R_{wl}}$，$E = \dfrac{R_{wl}R_{wu}}{R_{wu}(1+R_{wl})+R_{wl}}$。

另一方面，将（6-23）式由 r_w 至 r 积分得到（6-27）式和（6-28）式为

$$u = \frac{\gamma_{w}}{2k_{s}} \frac{\partial \varepsilon_{v}}{\partial t} \left[r_{e}^{2} \ln\left(\frac{r}{r_{w}}\right) - \frac{r^{2} - r_{w}^{2}}{2} \right], r_{w} \leqslant r \leqslant r_{s} \qquad (6\text{-}27)$$

$$u = \frac{\gamma_{w}}{2k_{h}} \frac{\partial \varepsilon_{v}}{\partial t} \left[r_{e}^{2} \ln\left(\frac{r}{r_{s}}\right) - \frac{r^{2} - r_{s}^{2}}{2} \right], r_{s} \leqslant r \leqslant r_{e} \qquad (6\text{-}28)$$

据孔压连续条件 $u|_{r=r_w} = u_w$，$u_{涂}|_{r=r_s} = u_{\pm}|_{r=r_s}$ 及 $\bar{u} = \dfrac{1}{\pi(r_e^2 - r_w^2)}\left(\int_{r_w}^{r_s} 2\pi r u dr + \int_{r_s}^{r_e} 2\pi r u dr\right)$ 并

令 $n = \dfrac{r_e}{r_w}$，$s = \dfrac{r_s}{r_w}$，$\delta = \dfrac{k_s}{k_h}$，得到任一深度水平截面土体平均孔压为

$$\bar{u} = \gamma_w f(z) \frac{\partial \varepsilon_v}{\partial t} + u_0 \left(\frac{E}{H} z - D \right) \qquad (6\text{-}29)$$

$$f(z) = \frac{(n^2 - 1)}{k_w}\left(\frac{C}{R_{wu}} H^2 + CHz - \frac{z^2}{2} \right) + \frac{r_w^2}{8(n^2-1)k_h}\left[-n^4\left(3 - 2\ln\frac{n}{s}\right) \right.$$
$$\left. -s^2(s^2 - 4n^2) + \frac{4n^2(1 - s^2 + n^2 \ln s) + s^4 - 1}{\delta} \right]$$

将（6-13）式代入（6-29），整理，并利用 $u|_{t=0} = p_0(z)$，得

$$\bar{u} = \left[p_0(z) - u_0\left(\frac{E}{H}z - D\right) \right] e^{-\frac{E_s}{\gamma_w f(z)} t} + u_0\left(\frac{E}{H}z - D\right) \qquad (6\text{-}30)$$

深度 z 水平截面上平均有效应力、最终平均有效应力、固结度及整个地基平均固结度分别为

$$\bar{\sigma}'(z,t) = p_0(z) - u_0\left(\frac{E}{H}z - D\right) - \left[p_0(z) - u_0\left(\frac{E}{H}z - D\right) \right] e^{-\frac{E_s}{\gamma_w f(z)} t} \qquad (6\text{-}31)$$

$$\overline{\sigma}'(z) = \lim_{t \to \infty} \overline{\sigma}'(z) = p_0(z) - u_0\left(\frac{E}{H}z - D\right) \tag{6-32}$$

$$U(z,t) = \frac{\overline{\sigma}'(z,t)}{\overline{\sigma}'_\infty(z)} = 1 - e^{-\frac{E_s}{\gamma_w f(z)}t} \tag{6-33}$$

$$\overline{U}(t) = 1 - \frac{1}{H}\int_0^H e^{-\frac{E_s}{\gamma_w f(z)}t} dz \tag{6-34}$$

（2）真空-堆载联合预压阶段固结度。

同单纯真空预压阶段推导方法，只是将边界条件（6-18）、（6-20）式改为（6-19）、（6-21）式，得到砂井孔压：

$$u_w = \frac{(r_e^2 - r_w^2)\gamma_w}{r_w^2 k_w}\frac{\partial \varepsilon_v}{\partial t}\left(\frac{C' + E' - 1}{2}z^2 + \frac{H^2}{R_{wu} + R_{wl}}\right) - C'(p_0 + u_0) + \left(\frac{2D'z}{H} - E'\right)u_{tl} \tag{6-35}$$

式中：$C' = \dfrac{R_{wu}}{R_{wu} + R_{wl}}$，$D' = \dfrac{R_{wu}R_{wl}}{R_{wu} + R_{wl}}$，$E' = \dfrac{R_{wl}}{R_{wu} + R_{wl}}$。

利用连续条件，进一步得到任一深度水平截面土体的平均孔压：

$$\overline{u} = \gamma_w f'(z)\frac{\partial \varepsilon_v}{\partial t} - C'(p_0 + u_0) + \left(\frac{2D'z}{H} - E'\right)u_{tl} \tag{6-36}$$

式中：

$$f'(z) = \frac{(n^2-1)}{k_w}\left(\frac{C'+E'-1}{2}z^2 + \frac{H^2}{R_{wu}+R_{wl}}\right)$$
$$- \frac{r_w^2}{8(n^2-1)k_h}\left[3n^4 - 4n^2s^2 + s^4 - 4n^2\ln\frac{n}{s} - \frac{1 + 4n^2 + s^4 - 4n^2s^2 + 4n^4\ln s}{\delta}\right],$$

将（6-13）式代入，整理，并利用 $u|_{t=0} = p_0(z) + u_{tt}$（这时的 $p_0(z)$ 为堆载在土中产生的附加应力，u_{tt} 为经历 tt 时间的真空压力后土体的孔压），得

$$\overline{u} = \left[p_0(z) + u_{tt} + C'(p_0 + u_0) - \left(\frac{2D'z}{H} - E'\right)u_{tl}\right]e^{-\frac{E_s}{\gamma_w f'(z)}t} - C'(p_0 + u_0) + \left(\frac{2D'z}{H} - E'\right)u_{tl} \tag{6-37}$$

深度 z 水平截面上平均有效应力、最终平均有效应力、固结度及整个地基平均固结度分别为

$$\overline{\sigma}'(z,t) = p_0(z) + u_{tt} + C'(p_0 + u_0) - \left(\frac{2D'z}{H} - E'\right)u_{tl}$$
$$-\left[p_0(z) + u_{tt} + C'(p_0 + u_0) - \left(\frac{2D'z}{H} - E'\right)u_{tl}\right]e^{-\frac{E_s}{\gamma_w f'(z)}t} \quad (6\text{-}38)$$

$$\overline{\sigma}'_{\infty}(z) = \lim_{t\to\infty}\overline{\sigma}'(z) = p_0(z) + u_{tt} + C'(p_0 + u_0) - \left(\frac{2D'z}{H} - E'\right)u_{tl} \quad (6\text{-}39)$$

$$U(z,t) = \frac{\overline{\sigma}'(z,t)}{\overline{\sigma}'_{\infty}(z)} = 1 - e^{-\frac{E_s}{\gamma_w f'(z)}t} \quad (6\text{-}40)$$

$$\overline{U}(t) = 1 - \frac{1}{H}\int_0^H e^{-\frac{E_s}{\gamma_w f'(z)}t}\,\mathrm{d}z \quad (6\text{-}41)$$

（3）考虑加载时序的真空堆载联合预压固结近似计算方法。

由于式（6-34）、(6-41) 无法用初等函数式表达，所以用 Indraratna、胡亚元等推荐的近似方法来推求整个地基的固结度。

单纯真空预压阶段，对式（6-29）按深度求均值，得整个地基的平均孔压 $\overline{\overline{u}}$，

$$\overline{\overline{u}} = \frac{1}{H}\int_0^H \overline{u}\,\mathrm{d}z = \gamma_w \overline{\overline{f}}\frac{\partial \varepsilon_v}{\partial t} + u_0\left(\frac{E}{2} - D\right) \quad (6\text{-}42)$$

$$\overline{\overline{f}} = \frac{\left(-s^2(-4n^2 + s^2) - n^4\left(3 - 2\ln\left[\frac{n}{s}\right]\right) + \frac{-1 + s^4 + 4n^2\left(1 - s^2 + n^2\ln[s]\right)}{\delta}\right)r_w^2}{8(-1 + n^2)k_h}$$
$$+ \frac{H^2(-1 + n^2)(6c + (-1 + 3c)R_{wu})}{6k_w R_{wu}}$$

将式（6-13）两边按深度 z 求平均值后代入上式，并利用对初始条件按整个地基求得的均值，求解得到整个地基的平均孔压、平均有效应力、最终平均有效应力、地基固结度、固结沉降为

$$\overline{\overline{u}} = \left[\overline{p_0} - u_0\left(\frac{E}{2} - D\right)\right]e^{-\frac{E_s}{\gamma_w \overline{\overline{f}}}t} + u_0\left(\frac{E}{2} - D\right) \quad (6\text{-}43)$$

$$\overline{\overline{\sigma}}' = \overline{p_0} - \overline{\overline{u}} = \left[\overline{p_0} - u_0\left(\frac{E}{2} - D\right)\right]\left[1 - e^{-\frac{E_s}{\gamma_w \overline{\overline{f}}}t}\right] \quad (6\text{-}44)$$

$$\overline{\overline{\sigma}}'_\infty = \lim_{t \to \infty} \overline{\overline{\sigma}}'(z) = \overline{p}_0 - u_0\left(\frac{E}{2} - D\right) \tag{6-45}$$

$$\overline{\overline{U}}(t) = \frac{\overline{\overline{\sigma}}'}{\overline{\overline{\sigma}}'_\infty} = 1 - e^{-\frac{E_s}{\gamma_w \overline{f}'}t} \tag{6-46}$$

$$S(t) = \frac{\overline{\overline{\sigma}}'(t)}{E_s}H = \frac{\overline{\overline{U}}(t)\left[\overline{p}_0 - u_0\left(\frac{E}{2} - D\right)\right]}{E_s}H \tag{6-47}$$

真空-堆载联合预压阶段，利用（6-36）式，同单纯真空预压阶段，得到联合阶段整个地基的平均孔压、平均有效应力、最终平均有效应力、地基固结度、固结沉降，

$$\overline{\overline{u}} = \left[\overline{p}_0 + \overline{u}_{tt} + C'(p_0 + u_0) - (D' - E')u_{tl}\right]e^{-\frac{E_s}{\gamma_w \overline{f}'}t} - C'(p_0 + u_0) + (D' - E')u_{tl} \tag{6-48}$$

$$\overline{\overline{\sigma}}' = \left[\overline{p}_0 + \overline{u}_{tt} - \left(-C'(p_0 + u_0) + (D' - E')u_{tl}\right)\right]\left[1 - e^{-\frac{E_s}{\gamma_w \overline{f}'}t}\right] \tag{6-49}$$

$$\overline{\overline{\sigma}}'_\infty(z) = \lim_{t \to \infty} \overline{\overline{\sigma}}'(z) = \overline{p}_0 + \overline{u}_{tt} - [-C'(p_0 + u_0) + (D' - E')u_{tl}] \tag{6-50}$$

$$\overline{\overline{U}}(t) = \frac{\overline{\overline{\sigma}}'}{\overline{\overline{\sigma}}'_\infty} = 1 - e^{-\frac{E_s}{\gamma_w \overline{f}'}t} \tag{6-51}$$

$$S(t) = \frac{\overline{\overline{\sigma}}'(t)}{E_s}H = \frac{\overline{\overline{U}}(t)\left[\overline{p}_0 + \overline{u}_{tt} - \left(-C'(p_0 + u_0) + (D' - E')u_{tl}\right)\right]}{E_s}H \tag{6-52}$$

$$\overline{f}' = \frac{H^2(n^2 - 1)\left(-1 + C' + E' + \dfrac{6}{R_{wu} + R_{wl}}\right)}{6k_w}$$
$$-\frac{r_w^2}{8(n^2-1)k_h}\left[3n^4 - 4n^2s^2 + s^4 - 4n^2\ln\frac{n}{s} - \frac{1 + 4n^2 + s^4 - 4n^2s^2 + 4n^4\ln s}{\delta}\right]$$

6.2.2 工程实例

1. 工程概况

软土地基加固试验段地处江苏昆山,地层属第四系全新统冲湖积层,从上至下分布为:黏土,软~硬塑,属中等压缩性土,该层厚 0.76~3.60 m;淤泥质粉质黏土,流塑,具高压缩性、低强度的特点,且大多数灵敏度超过 16,为流动黏土,高触变性,厚 3.2~16.5 m;黏土,粉质黏土,粉土,局部夹薄层粉砂,呈交错断续沉积,层理清晰,厚 0~9.8 m;粉砂,中密,厚度大于 10 m。

对 K0+276.51~K0+515 段软土地基采用先真空预压后真空-堆载(路基填筑)联合预压进行加固,竖向排水通道为塑料排水板(排水板间距 1.2 m,梅花形布置),处理深度 14.5~18.5 m,顶面铺设 0.5 m 厚的砂垫层,内铺设土工格栅,要求膜下真空压力不小于 80 000 Pa,仪器元件埋设如图 6.3 所示。可认为抽真空第 1 d 至第 57 d 开始填筑路堤,为真空预压阶段;之后的路基填筑为真空-堆载联合预压阶段。

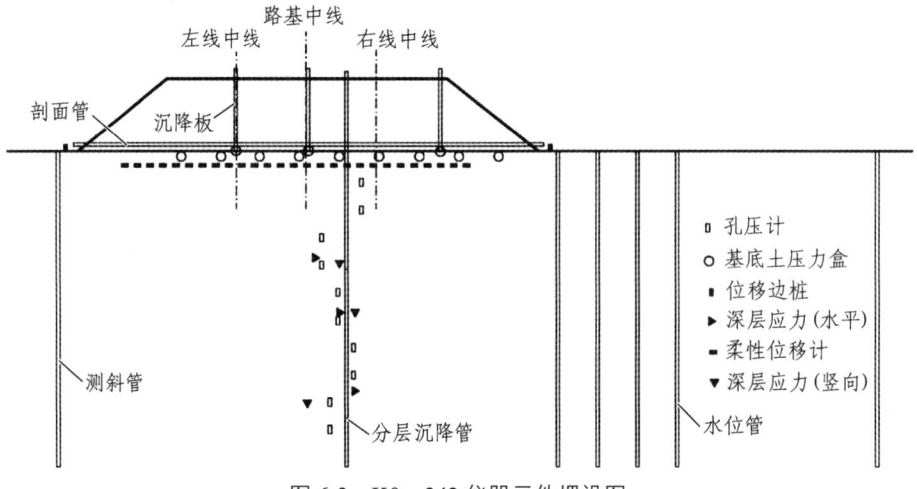

图 6-3　K0+342 仪器元件埋设图

2. 实例计算及分析

(1)计算参数说明。

实际计算根据塑料排水板规格,采用公式[106] $r_w = \alpha(a+b)/4$(a、b 分别为排水板宽度 0.1 m 和厚度 $4×10^{-3}$ m,α 为换算系数,取 2[107])计算并取十位整数,得到塑料排水板等效半径 $r_w = 0.05$ m;文献[108]中所述,"砂井间距可按井径比 n($n = d_e/d_w$,d_e 为砂井的有效排水圆柱体直径，d_w 为砂井直径）确定。普通砂井 $n = 6 \sim 8$。"因此本书 n 取 7，用排水板等效半径 0.05 m 乘以 7，得到影响区半径 $r_e = 0.35$ m；涂抹区半径 r_s 为砂井半径的 3 倍，故取为 0.15 m。$\bar{p}_0$ 在单纯真空阶段（砂垫层）、联合阶段（一次性堆载）、联合阶段（分级堆载）分别取 9.48 kPa、94.8 kPa、18.96 kPa。p_0 在联合阶段（一次性堆载）、联合阶段（分级堆载）分别取 100 kPa、20 kPa。u_0 在单纯真空阶段取 80 kPa，在联合阶段按照 1/4 作图经验法取值。$\bar{u}_{tt}$ 取 -17.55 kPa。u_{tl} 按照 1/4 作图经验法取值。水的容重 γ_w 取 10 kN/m³。

表 6-1 计算参数表

参数	L_u/m	L_l/m	k_u/(m·s⁻¹)	k_l/(m·s⁻¹)	k_w/(m·s⁻¹)	k_h/(m·s⁻¹)	k_s/(m·s⁻¹)	E_s/MPa	H/m
数值	0.5	5	3×10^{-4}	3.6×10^{-5}	3×10^{-4}	1.44×10^{-9}	2.88×10^{-10}	4.35	14

由于持续 56 d 的单纯真空预压阶段，路基顶面铺设了约 0.5 m 厚的砂垫层，取砂容重 20 kN/m³，可算出软土地基顶面附加应力为 $p_0 = 10$ kPa，进而可以算出不同深度处的附加应力 $p_0(z)$，土层所受附加应力均值约为 9.48 kPa。真空堆载联合预压阶段，持续时间为 71 d，如堆载分五级加载，每级 20 kPa，共 100 kPa，亦可算出相应堆载下的土中附加应力值 $p_0(z)$，如假设堆载为一次性完成，土层所受附加应力均值约为 94.8 kPa。

图 6-4 为沉降-时间计算曲线与实测值的比较。

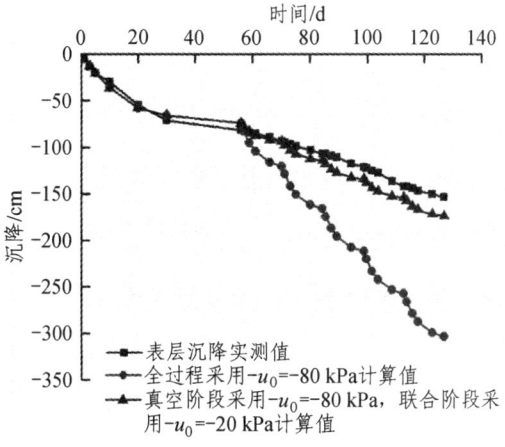

图 6-4 沉降-时间计算曲线与实测值的比较

发现前 30 d 的计算值与实测值高度吻合，30 d 之后的计算值与实测值相差较大，尤其是真空-堆载联合阶段基本失真。为提高沉降计算精度，笔者试图找出 u_0 的合理计算值。抽真空 8 h 后，膜下真空度（砂垫层）就达到了 -80 kPa 以下，下降速度非常快的，故理论上真空荷载可取 $-u_0 = -80$ kPa。但是在整个地基预压过程中，土体中的孔压是从 0 逐渐降低的，时间滞后现象非常明显，且孔压在土中分布极不平衡。笔者首先将理论真空荷载 $-u_0 = -80$ kPa，$z = 7$ m 及相关参数代入（6-30）式，计算出土层中部 1、3、5、10、20、30 d 的孔压为 -2.2、-21.1、-34.7、-54.4、-67.1、-69.8 kPa，绘制出中部土层的孔压-时间变化曲线，发现其经历 30 d 变化后，基本稳定在 70 kPa 左右，见图 6-5 中正方形标识曲线。将该曲线未稳定部分线性拟合，拟合直线与曲线相交于交点 1，u_0 计算取值如图 6-5 所示，其对应的孔压值约为 -22 kPa，约为膜下真空度的 1/4。取 $-u_0 = -20$ kPa 作为真空-堆载联合预压阶段的计算值，试算沉降-时间变化，得到图 6-4 中三角形标识曲线，发现沉降计算精度大为提高，由此推断联合预压阶段的 u_0 计算值约为 20 kPa。

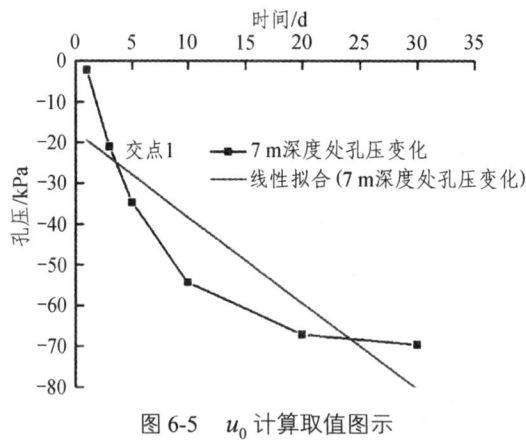

图 6-5　u_0 计算取值图示

$\bar{u}_{tt}$ 为单纯真空预压稳定后土层平均孔压，据（6-29）式计算出土层中部深度处 56 d 最终孔压为 70.18 kPa 后，参照 u_0 取值方法，约取其 1/4 得 -17.55 kPa。u_{tl} 为单纯真空预压稳定后土层底部孔压，若真空-堆载联合预压阶段采用分级堆载，u_{tl} 则为前一级荷载结束时开始施加后一级荷载时土层底部孔压，可据式（6-37）式算出土层底部孔压，约取其 1/4 获得，底部孔压为 -91.6 kPa，可取 -22.9 kPa。

（2）计算结果分析。

① 孔压分析。

土体孔压计算值随时间变化曲线，如图 6-6 所示。

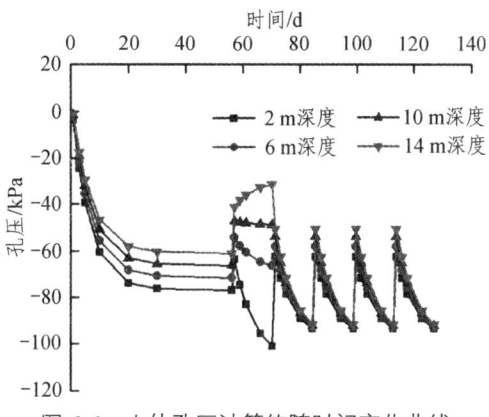

图 6-6　土体孔压计算值随时间变化曲线

从图 6-6 中可知，抽真空后，土中不同深度处孔压变化显著。抽真空初期（10 d 内），各深度处孔压值下降非常快，下降值范围为 -46.6 ~ -60.72 kPa。随后，各深度处孔压值下降速率均逐渐减小，并在抽真空 20 d 左右基本稳定在 -58.05 ~ -73.78 kPa。从第 56 d 开始，进入真空-堆载联合预压阶段，分五级堆载，每级 20 kPa，瞬时施加。每级堆载瞬加后，各点孔压值均有明显瞬时上升，且随时间增长变化显著。第一级堆载施加瞬间，14 m 深度处孔压上升值最大，上升 19.87 kPa，2 m 深度处孔压上升值最小，上升 12.94 kPa。随后 14 m 深度处孔压又继续上升，2 m 深度处孔压明显下降，6 m 深度处孔压缓慢下降，10 m 深度处孔压几乎没有变化，这表明堆载初期，堆载扰动导致土中水渗流极不规律，孔压分布极不平衡，浅层土体中水容易排出，而深层土体水不易排出，使得浅层土体孔压下降较深层土体显著。第二级堆载施加瞬间，2 m 深度处孔压上升最为明显，上升 38.56 kPa，6 m 深度处也有上升，上升 8.21 kPa，但 10 m、14 m 深度处孔压却开始明显下降，最终各深度处孔压下降稳定在 90 kPa 左右。

各点孔压变化规律在第三级至第五级荷载施加过程中几乎一致，埋深越大，孔压瞬时上升和逐渐下降值越大，但差值不大，表明堆载初期，堆载荷载小，在土中形成的附加应力随深度递减，荷载对深部土层的影响小，导致浅层土体各点孔压上升值高于下部土层各点孔压上升值，说明真空荷载在加固过程中占主要地位；堆载中后期，堆载荷载增大，其对深部土层的影响逐渐突显，致使深层土体孔压瞬升和下降值明显。同深度处各点，在第二级至第五级堆载荷载施加后的孔压消散值基本相同，深度越大孔压消散速率越大。单纯真空预压阶段，不同深度处各点孔压最终稳定在不同的恒定值，-55.78 ~ -76.73 kPa；真空堆载联合预压阶段，不同深度处的各点孔压最终稳定在相同的恒定值，为 90 kPa 左右，高于单纯真空预压阶段，表明真空预压能与堆载预压效果能叠加。

图6-7给出了6 m深度处的先真空预压后分级堆载（每级20 kPa）的孔压计算值、孔压实测值、相应的对数拟合曲线。在单纯真空预压阶段（共56 d）的前10 d及后10 d，计算值与实测值较接近，中间段离散程度较大，这是抽真空20 d时工地停电射流泵停泵造成的。在真空-堆载联合预压期内，孔压实测值有明显的上升阶段，与真空+分级堆载计算值的"锯齿形"曲线变化有差别，这是由于计算时将总堆载荷载100 kPa分成理想化的五级加载而实际施工时加堆载较密集、均匀造成的结果。实际加堆载密集、均匀，每级加载更小，导致每级堆载下土体孔压上升和消散现象不明显。但不管如何，其对数拟合曲线变化趋势与计算值对数拟合曲线变化趋势几乎一致。单纯真空预压阶段，土体孔压计算值随时间变化曲线平滑且规律明显，而实测值有较大起伏。在解析公式推导过程中，计算图示假设土层构造为水平，土层厚度各处相同，做了5条基本假定，采用的渗透系数为室内试验结果等，而实际土层构造厚薄不一，在土体固结过程中5条基本假定及所采用的计算参数与实际有些许出入，导致计算值与实测值的离散现象。

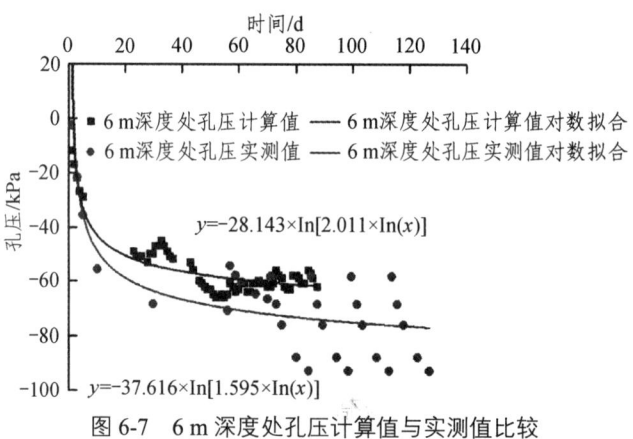

图6-7　6 m深度处孔压计算值与实测值比较

（3）固结及沉降分析。

图6-8给出了表层沉降计算结果与实测值随时间变化的曲线。由图6-8可知，沉降计算结果随时间变化趋势与实测沉降值随时间变化趋势一致，尤其是在单纯真空预压初期（0~30 d）和真空-堆载联合预压初期（59~75 d）高度吻合。

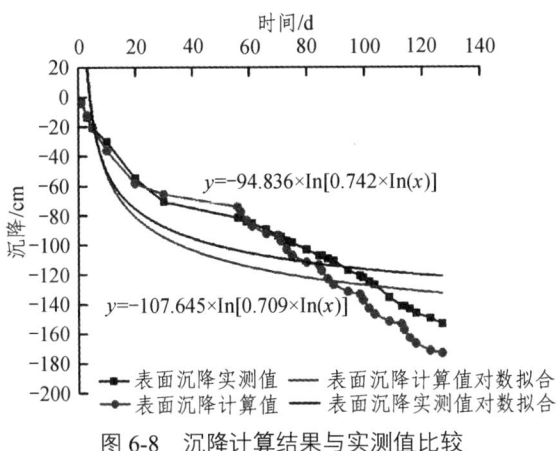

图 6-8 沉降计算结果与实测值比较

单纯真空预压 30~56 d 的计算值与实测值差距较大,约为 7.5 cm。30、56 d 的 7 m 深度处孔压计算值分别为 -69.6 kPa、-70.2 kPa,其 1/4 约为 -17.40 kPa、-17.55 kPa,差别不大,可以认为 30 d 时土中孔压基本稳定。如 2.2.1 节中所述,单纯真空预压阶段沉降计算,u_0 采用理论值 -80 kPa;联合预压阶段沉降计算,笔者试用 1/4 作图经验取值法获取 u_0、$\bar{u}_{tt}$、u_{tl} 的合理取值,得出 56 d 的沉降值为 74.22 cm,与实测沉降值 81.68 cm 较为吻合,联合预压阶段沉降计算结果与实测值在后期有差距,表明这种取值方法应有改进的空间。

6.2.3 结 果

在将单砂井地基上端、下端边界假设为接近实际透水情况的半透水边界的基础上,引入经典砂井固结方程,考虑真空-堆载联合预压加固软土地基中真空-荷载和堆载荷载的实际施加组合顺序,界定初始边界条件,推导了接近实际施工和地质情况的真空-堆载联合预压工法下单砂井地基孔压、固结度及沉降解析解。之后,针对一个高铁真空-堆载联合预压加固软土地基工程项目,合理界定各项参数并做相应转化,计算了土体孔压时空分布规律、沉降变化规律,将计算结果与工程实测值对比分析后得到如下结论:

(1)基于等应变条件及仅径向固结假设,根据实际施工情况及地质条件界定初始边界条件,推导了真空-堆载联合预压下地基中任意深度水平面的平均孔隙水压力、平均有效应力、平均固结度解析表达式。在此基础上,采用简化近似方法推求了整个地基的平均孔隙水压力、平均有效应力及平均固结度,最终获得了固结沉降近似计算公式。通过计算,证明了公式的合理性。

(2)在真空-堆载联合预压阶段的土体固结计算中,将堆载分五级施加,虽然孔隙水压力-时间变化曲线呈"锯齿形",但经对数曲线拟合后的结果合理。

(3) 全过程固结计算表明,单纯真空预压阶段,不同深度处各点孔压最终稳定在不同的恒定值。真空-堆载联合预压阶段,不同深度处的各点孔压最终稳定在相同的恒定值。堆载初期,荷载较小,对深部土层的影响较小,导致上部土层各点孔压上升值高于下部土层各点孔压上升值,证明真空荷载在加固过程中占主导地位。堆载中后期,荷载增大,对深部土层的影响渐增,使深部土层孔压上升明显。同深度处各点,在第二级至第五级堆载荷载施加后的孔压消散值基本相同,深度越大孔压消散速率越大。

(4) 定义了计算参数 u_0、u_{tt}、$\bar{u}_{tt}$、u_{tl} 概念,分别为初始孔压,单纯真空预压孔压稳定后任一深度处孔压,单纯真空预压孔压稳定后土层平均孔压,前一级荷载结束开始加载后一级荷载时土层底部孔压。在推导出沉降计算公式的基础上,考虑孔压在土层中分布极不平衡,通过大量计算,获取了这些参数合理取值的方法,使计算结果更准确。

(5) 运用参数 u_0、$\bar{u}_{tt}$、u_{tl} 的经验取值方法时,应选取孔压未稳定时间段的数值作孔隙水压力-时间变化曲线,后对曲线进行线性拟合取第 1 个交点对应的孔压值。

6.3 本章小结

(1) 根据太沙基一维固结理论,简化、推导了适合区域性土的真空-堆载联合预压法处理软土地基的沉降估算公式。并且应用它对试验段各测点进行大量计算分析,提出了真空预压和堆载预压并重的经验修正参数值 $\bar{\omega}=0.85\sim0.98$。

(2) 引入经典砂井地基固结方程,将单砂井地基上端、下端边界假设为接近实际透水情况的半透水边界,考虑真空-荷载和堆载荷载的实际施加组合时序,合理界定初始边界条件,推导符合地质和施工实际情况的真空-堆载联合预压工法下单砂井地基孔压、固结度及固结沉降解析解。针对一个高速铁路真空-堆载联合预压加固软土地基工程项目,敲定各项参数并做简化转化,计算土体孔压时空分布规律、沉降变化规律等。计算结果与实测值对比分析表明,所获得的整个地基孔压、固结度和固结沉降计算公式,能揭示真空-堆载联合预压软土地基孔压、固结度、固结沉降变化规律;可将真空-堆载联合预压阶段的堆载荷载分级瞬时施加,土体的孔压、固结沉降等响应更为合理;单纯真空预压阶段,不同深度处各点孔压最终稳定在不同的恒定值;真空-堆载联合预压阶段,不同深度处的各点孔压最终稳定在相同的恒定值;真空-堆载联合预压阶段的堆载前期,真空-荷载占主导地位,中后期堆载荷载作用才凸显出来;提出了计算参数 u_0、u_{tt}、$\bar{u}_{tt}$、u_{tl} 概念,并开发了这些参数的合理经验取值方法,计算结果证明了方法的合理性。

参考文献

[1] KJELLMAN, W., Consolidation of clay by mean of atmospheric pressure[C]. MIT. Conference on soil stabilization. Boston: MIT, 1952:258-263.

[2] G. R. LOUGHNEY. Vacuum Stabilization of Subsoil Beneath Runway Extension at Philadelphia International Airport Halton[C]. Montreal Conference on soil mech and foundation engineering. Cannada: Montreal, 1965: 62-65.

[3] 龚晓南. 21世纪岩土工程发展展望[J]. 岩土工程学报.2000, 22（2）: 238-242.

[4] ARUTIUNIAN R N. Vacuum-Accelerated Stabilization of Liquefied Soils in Landslide Body[C]. Proc of Ⅷ ECS-MFE, 1983: 575-576.

[5] 王星华. 地基处理与加固[M]. 长沙：中南大学出版社，2002:40-43.

[6] 张永钧，秦宝玖，平涌潮，等. 超载预压处理深厚软弱地基[C]. 第四届地基处理学术讨论会论文集. 杭州：浙江大学出版社，1995：94-100.

[7] BARRON, R. A., Consolidation of Fine Grained Soils by Drain Wells, Trans. ASCE, 1948, 113:718-742.

[8] HORNE M R. The consolidation of a stratified soil with vertical and horizontal drainage[J]. Int. J. Mech. Sci. 1964(6):187-197.

[9] VALENT P J, Investigation of the seafloor preconsolidatioin foundation concept[R]. Washington: Naval Civil Engineering laboratory, 1973.

[10] TER-MARTIROSYAN Z G, Cherkasova L I. Theoretic basis for the compaction of water-saturated soils by vacuum[C]. 1983.

[11] YOSHIKUNI H. Design and control of construction in the vertical drain method[M]. Tokyo: Gihoudou, 1979.

[12] YOSHIKUNI H, NAKANODO H. Consolidation of soils by vertical drain wells with finite permeability[J]. Soils and Foundations. 1974, 14(2):35-46.

[13] HANSBO S. Consolidation of fine-grained soils by prefabricated drains[C]. Proceedings of the 10th ICSMFE. Stockholm,Sweden, 1981:677-682.

[14] ONOUE A. Consolidation by vertical drains taking well resistance and smear into

consolidation[J]. Soils and Foundations, 1988, 28(4):165-174.

[15] 娄炎. 真空排水预压法的加固机理及其特征的应力路径分析[J]. 水利水运科学研究, 1990（1）: 99-106.

[16] COGNON J M, JURAN I, THEVANAYAGAM S. Vacuum consolidation technology principles and field experience[M]. NewYork: Geotechnical Special Publication, 1994.

[17] BERGADO D T, CHAI J C, MIURA N, et al. PVD improvement of soft Bangkok Clay with combined vacuum and reduced sand embankment preloading[J]. Geotechnical Engineering. 1998, 29(1): 95-122.

[18] 李丽慧, 王清, 王剑平, 等. 真空排水预压下土体变形的应力路径分析[J]. 工程地质学报, 2001（2）: 170-173.

[19] 丁绿芳, 郭志平, 赵维炳. 真空预压加固软基时土体的损伤[J]. 河海大学学报（自然科学版）, 2002, 30（4）: 57-60.

[20] 张志允, 翟国民, 张明晶. 堆载预压法和真空预压法加固机理的比较研究[J].岩土工程界, 2002, 5（11）: 24-26.

[21] 李青松, 吴爱祥, 黄继先, 等. 真空渗流场作用下的渗透固结[J].中南大学学报, 2005, 36（4）: 689-693.

[22] 莫海鸿, 邱青长, 董志良. 软土地基孔隙水压力降低引起的压缩分析[J]. 岩石力学与工程学报, 2006, 25（增2）: 3435-3440.

[23] 刘润, 闫澍旺, 苗中海, 等. 水下真空预压中真空产生机制的研究[J].中国港湾建设, 2003, 126（5）: 29-35.

[24] 邱青长, 莫海鸿, 董志良. 真空预压地基竖向排水体内流体的压降分析[J].华南理工大学学报（自然科学版）, 2007, 35（3）: 132-135.

[25] 吴跃东, 曹杰, 殷宗泽. 真空预压法加固软黏土地基的理论与适用条件[J]. 东北水利水电, 2006, 24（264）: 6-8.

[26] 张敬, 刘爱民. 水下真空预压的加固机理分析[J].岩土工程学报, 2007, 29(5): 644-649.

[27] 薛红波, 娄炎. 砂井真空排水法加固饱和软土地基的强度特征[J]. 水利学报, 1990（6）: 61-68.

[28] 麦远俭. 真空预压加固中软黏土不排水剪切强度的增长[J]. 水运工程, 1998（12）: 53-57.

[29] LEONG, E.C., SOEMITRO, R.A.A,& RAHARDJO, H. Soil improvement by surcharge

andvacuum preloading[J]. Geotechnique, 2000, 50(5): 601-605.

[30] 黄腾，张迎春，杨春林，等. 真空联合堆载加固软基的抗滑稳定性模型与应用[J]. 水运工程，2001（2）：11-15.

[31] 董志良. 堆载及真空预压砂井地基固结解析理论[J]. 水运工程，1992（9）：1-7.

[32] 董志良. 堆载及真空预压法加固地基地下水位及测管水位高度的分析与计算[J]. 水运工程，2001（8）：15-19.

[33] 徐泽中，刘世同，柴玉卿. 真空堆载联合预压法的渗流分析[J]. 河海大学学报，2002，30（3）：85-88.

[34] 朱斌，陈若曦，陈云敏，等. 分层真空预压软土地基一维大变形固结模型及试验研究[J]. 浙江大学学报（工学版）.2007，41（11）：1927-1936.

[35] 鲍树峰，周琦，陈平山，等. 负压非均匀分布边界条件下砂井地基固结解析[J]. 水运工程，2015（3）：12-20.

[36] 周琦，张功新，王友元，等. 真空预压条件下的砂井地基 Hansbo 固结解[J]. 岩石力学与工程学报，2010，29（S2）：3994-3999.

[37] 胡亚元. 半透水边界砂井真空联合堆载预压 Hansbo 固结解[J]. 工程科学学报，2018，40（7）：783-792.

[38] 赵辉，李粮纲. 堆载预压排水固结法加固软土地基的固结度分析[J]. 探矿工程-（岩土钻掘工程），2005，32（3）：9-11.

[39] 雷鸣，徐汉勇，匡希龙，等. 真空作用下软土固结机制及实例分析[J]. 铁道科学与工程学报，2019，16（6）：1433-1439.

[40] 王星华，雷鸣. 真空预压加固软基竖向排水体负压分布模式研究[J]. 工业建筑，2010，40（10）：86-90.

[41] 雷鸣，王星华，夏力农，等. 真空预压数值分析中竖向排水通道的讨论[J]. 铁道学报，2009，31（1）：78-81.

[42] 范须顺. 关于确定真空预压施工中滤水管间距及布排形式的探讨[J]. 港口工程，1993（2）：36-39.

[43] 刘珍娜. 真空排水预压法加固软土地基的沉降计算[J]. 福建建设科技,1996(2):9-10.

[44] 麦远俭，刘成云. 软基预压加固中的体积应变、侧向位移与沉降修正[J]. 水运工程，2001（8）：7-11.

[45] 付光奇，艾英钵，李震. 真空-堆载联合预压加固高速公路软基的实用设计[J]. 重庆

交通学院学报，2002，21（1）：41-45.

[46] 范须顺，刘良志. 关于真空预压施工法问题的讨论[J]. 港工技术，2007（6）：49-50.

[47] 李豪，高玉峰，刘汉龙，等. 真空-堆载联合预压加固软基简化计算方法[J]. 岩土工程学报，2003，25（1）：58-62.

[48] 娄炎，杨守华，高长胜. 对真空预压加固中沉降稳定标准的讨论[J]. 中国港湾建设，2004，128（1）：23-31.

[49] 秦焱，王清，侯红英. 刚性基础软土地基的真空预压处理[J]. 辽宁工程技术大学学报，2006，25（4）：539-542.

[50] 施建勇，雷国辉，艾英钵. 关于真空预压沉降计算的研究[J]. 岩土力学，2006，27（3）：365-368.

[51] 湛川，高文龙，周旭荣，等. 黄骅港湾地区真空预压处理后地基静力触探研究[J]. 岩土力学.2006，27（12）：2273-2276.

[52] 吴起星，胡辉. 基于Gompertz成长曲线的真空预压软土沉降规律分析[J]. 岩石力学与工程学报，2006，25（增2）：3600-3606.

[53] 侯健飞. 利用真空预压实测孔隙水压力推算土体固结度的计算方法探讨[J]. 中国港湾建设，2005，134（1）：13-15.

[54] 冼亚军. 路基软基处理方案分析及探讨[J]. 广东建材，2007（3）：16-18.

[55] 曹旭华. 南沙地区路基软基处理方案分析及探讨[J]. 城市道路与防洪，2003（6）：30-32.

[56] 任文芳. 塑料排水板间距对真空预压加固时间的影响[J]. 中国港湾建设，2005，136（3）：30-31.

[57] 张泽鹏，李约俊，冯淦清，等. 塑料排水板在真空预压加固软基中的作用[J]. 广州大学学报（自然科学版），2002，1（2）：68-71.

[58] 王永强.天津港软土地基加固中的几点认识[J].中国港湾建设，2006，141（1）：16-19.

[59] 刘汉龙，彭劼，陈永辉. 真空-堆载联合预压的地基沉降简化计算方法[J]. 岩土力学，2006，27（5）：745-748.

[60] 许胜，王媛. 真空-堆载联合预压法加固软基平面等效算法研究[J]. 水运工程，2006（11）：87-91.

[61] 金小荣，俞建霖，龚晓南，等. 真空预压部分工艺的改进[J]. 岩土力学，2007，28（12）：2711-2714.

[62] 黄志华，问建学，马祖遥，等. 真空联合堆载预压处理路基变形影响范围研究[J]. 公路，2024（3）：56-62.

[63] 曾芳金，石常鑫，符洪涛，等. 匀速等量堆载的真空联合堆载预压下吹填土工程特性试验研究[J]. 科学技术与工程，2018，18（15）：137-142.

[64] 杨鹏，蒲诃夫，宋丁豹. 竖井地基的大应变固结分析[J]. 岩土力学，2019，40（10）：4049-4056.

[65] 曾芳金，王碧，符洪涛，等. 不同超载比真空联合堆载预压处理吹填土效果及对周围环境的影响[J]. 科学技术与工程，2020，20（13）：5313-5319.

[66] 张崇旗，丁建文，万星，等. 真空联合堆载预压加固长江漫滩相软基孔压测试分析[J]. 防灾减灾工程学报，2019，39（6）：954-960.

[67] 张振，米占宽，朱群峰，等. 考虑排水板土柱效应的软土地基固结特性研究[J]. 水利水运工程学报，2023（2）：70-79.

[68] 张勇. 地基基础工程设计施工验收规范与强制性条文实施手册（JGJ79-2002）[S]. 北京：中科多媒体电子出版社，2003.

[69] 孟昭即. 对真空预压影响深度的探讨[J]. 地基处理，2003，14（3）：44-48.

[70] 刘汉龙，李豪，彭劼，等. 真空-堆载联合预压加固软基室内试验研究[J]，岩土工程学报，2004，26（1）：145-149

[71] 陈环，鲍秀清. 负压条件下土的固结有效应力[J]. 岩土工程学报，1984，6（5）：39-47.

[72] 阎澎旺，陈环. 用真空加固软土地基的机制与计算方法[J]. 岩土工程学报，1986，8（2）：35-44.

[73] 高志义. 真空预压法的机理分析[J]. 岩土工程学报，1989，11（4）：45-55.

[74] 龚晓南，岑仰润. 真空预压加固软土地基机理探讨[J]. 哈尔滨建筑大学学报，2002，35（2）：7-10.

[75] 李青松，吴爱祥，姚振巩，等. 真空渗流场的形成机理探讨[J]. 矿业研究与开发，2004，24（6）：17-20，39.

[76] 铁道第四勘测设计院. 软土地基处理沉降估算方法及不同地基处理方法加固效果中期研究报告[R]. 2005.4.

[77] 岑仰润. 真空预压加固地基的试验及理论研究[D]. 杭州：浙江大学，2003：74-75.

[78] TERZAGHI K. Theoretical soil mechanics[M]. New York: John Wiley and Sons, Inc., 1943.

[79] 刘杰，傅裕. 土的渗透压密性质[J]. 水利学报，1993（5），76-81.

[80] CARGILL K. W. Predication of Consolidation of Very Soft Soil[J]. Journal of Geotechnical Engineering, 1984,110(6).

[81] 王曰国. 真空-堆载联合预压加固软土地基理论与试验研究[D]. 长沙：中南大学，2010.

[82] 《地基处理手册》编写委员会. 地基处理手册[M]. 北京：中国建筑工业出版社，1993：1-3，87-100.

[83] 龚晓南. 高等土力学[M]. 杭州：浙江大学出版社，1996. 150～235.

[84] 王俊蒲. 高速公路软土地基沉降特性研究：[硕士学位论文]. 河北工业大学.2002.

[85] 娄炎. 真空排水预压法加固软土技术[M]. 北京：人民交通出版社，2002.

[86] 中华人民共和国铁道部. 高速铁路设计规范（试行）[S]. 北京：中国铁道出版社，2009年12月.

[87] INDRARATNA B, RUJIKIATKAMJORN C, SATHANANTHAN I. Analytical and Numerical Solutions for a Single Vertical Drain Including the Effects of Vacuum Preloading [J]. Canadian Geotechnical Journal, 2005, 42(4): 994-1014.

[88] TRAN T A, MITACHI T. Equivalent Plane Strain Modeling of Vertical Drains in Soft Ground under Embankment Combined with Vacuum Preloading[J]. Computers and Geotechnics, 2008, 35(5): 655-672.

[89] 谢康和. 层状土半透水边界一维固结分析[J]. 浙江大学学报（自然科学版），1996，30（5）：567-575.

[90] 李西斌，谢康和，王奎华，等. 双面半透水边界饱和土层在循环荷载作用下的一维粘弹性固结解析解 [J]. 工程力学，2004，21（5）：103-108，99.

[91] 刘加才. 层状砂井地基固结分析及其工程应用[D]. 南京：河海大学，2004.

[92] 江文豪，詹良通. 真空联合堆载预压下基于指数形式渗流的砂井地基非线性固结解[J]. 工程力学，2021，38（2）：69-76, 133.

[93] 张玉国，杨晗玥，段萌萌，等. 真空-堆载联合预压条件下复合地基固结解析解[J]. 长江科学院院报，2019，36（5）：75-80.

[94] 叶观宝，张晴雯，张振. 真空联合堆载预压下混凝土芯砂石桩复合地基固结特性理论分析 [J]. 岩土力学，2016，37（12）：3356-3364.

[95] TIAN Y, WU W B, JIANG G S, et al. Analytical Solutions for Vacuum Preloading

Consolidation with Prefabricated Vertical Drain Based on Elliptical Cylinder Model[J]. Computers and Geotechnics, 2019, 116:103202.

[96] 张玉国, 杨晗玥, 段萌萌, 等. 考虑无井阻和土体非线性的真空-堆载联合预压复合地基固结分析[J]. 科学技术与工程, 2020, 20 (16): 6570-6577.

[97] 李菲菲, 谢康和, 邓岳保. 考虑指数流的真空预压竖井地基固结解析解[J]. 中南大学学报 (自然科学版), 2015, 46 (3): 1075-1081.

[98] 许波, 雷国辉, 郑强, 等. 考虑涂抹区压缩及渗透系数变化的堆载预压固结解[J]. 岩土力学, 2014, 35 (6): 1607-1616.

[99] 沈宇鹏, 王云超, 董淑海, 等. 增压式真空预压处理单层均质土固结理论研究[J]. 铁道学报, 2019, 41 (4): 118-124.

[100] 冯怀平, 耿会岭, 马德良, 等. 高速铁路非饱和路基沉降特性及预测研究[J]. 铁道学报, 2017, 39 (11): 138-143.

[101] CARRILLO N.Simple Two and Three Dimensional Case in the Theory of Consolidation of Soils[J]. Journal of Mathematics and Physics, 1942, 21(1/2/3/4): 1-5.

[102] 谢康和, 曾国熙. 等应变条件下的砂井地基固结解析理论[J]. 岩土工程学报, 1989, 11 (2): 3-17.

[103] 董志良. 堆载及真空预压砂井地基固结解析理论[J]. 水运工程, 1992 (9): 1-7.

[104] 郭彪, 龚晓南, 卢萌盟, 等. 真空联合堆载预压下竖井地基固结解析解[J]. 岩土工程学报, 2013, 35 (6): 1045-1054.

[105] HANSBO S. Consolidation of Fine-grained Soils by Prefabricated Drains[C]//Proceedings of the 10th International Conference on Soil Mechanics and Foundation Engineering. Stockholm:1981: 677.

[106] 高长胜, 张凌, 汪肇京, 等. 塑料排水板的等效直径[J]. 水利水运工程学报, 2002 (4): 28-32.

[107] HOLTZ R D. Prefabricated Vertical Drains: Design and Performance[M]. Oxford: Butterworth-Heinemann, 1991.

[108] 代国忠, 顾欢达. 土力学与基础工程[M]. 4版. 重庆: 重庆大学出版社, 2017.